QUE S

Histoire de l'école primaire élémentaire en France

JEAN COMBES
Inspecteur de l'Éducation nationale

ISBN 2 13 048321 6

Dépôt légal — 1re édition : 1997, septembre

108, boulevard Saint-Germain, 75006 Paris

INTRODUCTION

Chez les Celtes, à l'époque de la Tène, du Vᵉ au Iᵉʳ siècle avant Jésus-Christ, l'éducation est donnée oralement par les druides, dépositaires des traditions morales et religieuses de la civilisation celtique.

L'école primaire ne voit réellement le jour qu'après la conquête romaine. Au début du Iᵉʳ siècle après Jésus-Christ, l'empereur Tibère proclame la suppression de l'enseignement druidique. C'est alors qu'apparaissent, dans la Gaule romaine, les premières écoles primaires organisées sur le modèle des écoles hellénistiques.

L'école gallo-romaine se maintient jusqu'au début du Moyen Age. Au cours des VIᵉ et VIIᵉ siècles, les écoles ecclésiastiques l'emportent désormais sur les écoles gallo-romaines. Trois types d'écoles chrétiennes apparaissent : les écoles monastiques, les écoles épiscopales ou cathédrales, et les écoles presbytériales ou paroissiales.

Du XIᵉ au XIIIᵉ siècle, l'on assiste à un recul des écoles monastiques et à un développement important des écoles urbaines. A la fin du Moyen Age (XIVᵉ-XVᵉ siècles) se généralisent les petites écoles et les collèges qui reçoivent des élèves de tous âges. Le plus souvent cependant les enfants, à partir de six ans, fréquentent les écoles dirigées par des curés à la campagne ou par des clercs en ville.

Au début des Temps modernes (XVIᵉ siècle), l'enseignement élémentaire est confié à des écoles héritières des écoles épiscopales ou monastiques de la fin du

Moyen Age. La diffusion de l'imprimerie et la Contre-Réforme encouragent la création d'un réseau plus dense d'écoles primaires.

Les Révolutionnaires qui veulent transformer la société élaborent de nombreux projets qui restent lettre morte. Napoléon crée plus tard un monopole impérial de l'Éducation où l'école primaire reste marginale. En fait, les petites écoles restent toujours sous la surveillance étroite de l'Église.

Au cours du XIXe siècle, l'école primaire se transforme profondément. François Guizot, par sa loi du 28 juin 1833, contraint toutes les communes de plus de 500 habitants à avoir une école primaire. Chaque département doit en outre entretenir une École normale. Les maîtres sont nommés désormais par le ministre de l'Instruction publique. L'instituteur devient un fonctionnaire d'État. Certes la loi Falloux (15 mars 1850) accentue l'influence de l'Église sur l'école élémentaire, mais le Second Empire, avec Victor Duruy, réagit et s'efforce de limiter le monopole ecclésiastique dans l'enseignement primaire. La loi du 10 avril 1867 développe par ailleurs la gratuité de l'école primaire pour les pauvres et la scolarisation des filles.

La IIIe République et les lois de Jules Ferry (16 juin 1881 ; 28 mars 1882) créent l'école primaire gratuite, laïque et obligatoire qui devient l'institutrice de la nation. Les « Hussards noirs » de la République entrent dans la légende.

Malgré l'épisode tragique de l'occupation hitlérienne et l'action répressive du gouvernement de Vichy (suppression des Écoles normales en septembre 1940), l'école primaire survit et retrouve un nouvel élan après la guerre. Le plan Langevin-Wallon (juin 1947) n'est pas appliqué, mais l'école devient mixte (1962-1963). L'aide à l'enseignement privé (loi Barangé, 1951 ; loi Debré, 1959 ; loi Guermeur, 1977) divise la France en deux camps. La querelle scolaire reste toujours vive lorsque la création du grand service public unifié et laïque est proposée par Alain Savary en mai 1984. L'abandon de ce projet rétablit la paix scolaire. Jean-Pierre Chevènement redéfinit les missions fondamentales de l'école républicaine alors que la loi d'orientation de Lionel Jospin (10 juillet 1989) place l'élève au cœur du système éducatif et crée les instituts universitaires de formation. Pour adapter l'école primaire aux réalités de cette fin du XXe siècle, François Bayrou propose un nouveau contrat pour l'école.

En deux mille ans, l'école primaire française a donc connu une profonde évolution. Longtemps confiée, à l'époque gallo-romaine, à l'initiative privée, l'école élémentaire a été étroitement contrôlée par l'Église pendant tout le Moyen Age et l'Ancien Régime. Pour l'essentiel, le pouvoir royal a abandonné à l'Église, aux villes ou aux communautés rurales l'organisation de l'enseignement primaire. Il faut attendre, au XIXe siècle, la monarchie de Juillet et Guizot et, d'une manière plus décisive, la IIIe République et Jules Ferry pour que les écoles soient placées dans leur grande majorité sous la responsabilité de l'État ; seules les écoles confessionnelles ou privées gardent alors leur indépendance.

La laïcisation de l'école sera de même un long combat qui déchaînera de fortes passions. Plus de quatorze siècles seront nécessaires pour que la majorité des écoles aient un statut laïque perdu depuis le Ve siècle après Jésus-Christ.

L'installation matérielle des écoles longtemps d'une pauvreté biblique, le statut et la formation du personnel n'ont pas connu une réelle transformation avant le XIXe siècle. Dans tous ces domaines, la IIIe République a joué un rôle historique et déterminant.

La guerre scolaire étant désormais apaisée, l'école

publique obligatoire, gratuite et laïque reste, aujourd'hui, comme à la fin du XIXe siècle, le fondement essentiel de la démocratie française. L'école primaire accueille tous les enfants vivant en France sans distinction de sexe, de nationalité ou de race. Elle est le creuset où se forge quotidiennement l'avenir de notre pays.

Lire, écrire, compter restent les priorités d'une école primaire élémentaire qui s'ouvre sur un monde en pleine mutation et qui s'adapte rapidement aux nouvelles technologies. En quelques décennies l'école est passée de la plume « sergent major » à l'ordinateur. Mais sa mission reste toujours essentielle : assurer l'instruction et l'éducation de tous les enfants vivant sur le sol français.

Chapitre I

L'ÉCOLE ÉLÉMENTAIRE DANS LA GAULE ROMAINE (Ier SIÈCLE AVANT J.-C. - Ve SIÈCLE APRÈS J.-C.)

Avant la conquête de la Gaule par les Romains, druides et bardes étaient les maîtres du savoir. Les druides, à la fois prêtres, magistrats et éducateurs, assurent l'instruction de la jeunesse gauloise noble. Les bardes, eux, apprennent à leurs élèves chants sacrés et poèmes. Mais il faut attendre la Gaule romaine pour que soient créées les premières écoles primaires élémentaires où est dispensé un véritable enseignement aux enfants de 7 à 11 ou 12 ans.

I. — La disparition des druides et de l'éducation gauloise

La société celtique connaissait la polygamie. Les hommes libres et, plus particulièrement, les nobles pratiquaient la paternité adoptive. Ils plaçaient fréquemment leurs enfants avant l'âge de 7 ans chez des pères nourriciers qu'ils payaient. Les jeunes nobles s'initiaient à l'équitation, à la chasse, à la natation et au jeu d'échecs. Les jeunes filles nobles apprenaient la couture et la broderie. Le père nourricier, véritable tuteur, donnait ainsi une solide initiation à la vie quotidienne dont bénéficiaient jeunes enfants et adolescents.

Les druides s'occupaient en revanche des choses de la religion. Pline et César ont souligné leur rôle essentiel. L'usage de l'écriture était proscrit. Seul un enseignement oral était donné dans des lieux retirés, forêts ou cavernes. La langue celte n'est pas écrite. En revanche, les Gaulois, dès le Ier siècle avant Jésus-Christ, se servent de la langue grecque pour communiquer par écrit. Le grec était utilisé notamment pour rédiger les comptes publics et privés. Mais la littérature de tradition celtique n'était pas écrite.

L'enseignement dispensé par les druides, les bardes ou les devins s'adressait aux enfants mais se poursuivait ensuite auprès des adolescents.

Jules César et les premiers empereurs romains pourchassèrent les druides, dépositaires de la culture celtique. Tibère proclama la suppression de l'enseignement druidique au début du Ier siècle après Jésus-Christ, mais la langue gauloise continua à être pratiquée jusqu'à la fin du Ve siècle après Jésus-Christ dans les zones rurales.

II. — **L'éducation privée dans les grandes familles gallo-romaines**

Après la conquête romaine, l'éducation privée est pratiquée dans les grandes familles de l'aristocratie gallo-romaine. L'enseignement privé s'adresse d'abord aux jeunes aristocrates. Son prestige est grand aux Ier et IIe siècles. Les confessions de Paulin de Pella, né en 376 après Jésus-Christ, montrent qu'il est encore apprécié à la fin du IVe siècle après Jésus-Christ. Paulin était lui-même le petit-fils d'Ausone qui contribua fortement par son enseignement au rayonnement culturel de Bordeaux.

C'est aussi dans les grandes familles aristocratiques que l'on formait les jeunes esclaves. Ils étaient réunis pour leur éducation dans une école domestique ou *paedagogium.* Leur formation était orientée vers les préoccupations de la vie quotidienne. Chaque jeune esclave était, en outre, initié aux bonnes manières. Les plus doués pouvaient acquérir un statut de « lettrés » ou d'« érudits » après avoir reçu un solide enseignement élémentaire. Certains d'entre eux parvenaient aux fonctions de secrétaire ou de lecteur.

III. — **Les écoles primaires gréco-latines**

Malgré l'existence d'une éducation privée dans les grandes familles, le plus grand nombre des enfants fréquentait, dans les villes, l'école primaire gréco-latine.

L'installation du pouvoir romain, d'abord en Narbonnaise en 121 avant Jésus-Christ depuis Toulouse jusqu'à Lyon et Vintimille, puis en 50 avant Jésus-Christ jusqu'aux bords du Rhin après les campagnes de César, impose une conception gréco-latine de l'éducation et de la culture. Elle réalise la synthèse d'une pédagogie conçue pour des nobles associée à des préoccupations propres à des paysans.

L'éducation fondée sur les principes énoncés notamment par Platon et Isocrate a pour objectif de former un homme complet dont l'esprit ne débouche pas nécessairement sur la technique.

Persuadés de la supériorité de la langue grecque sur le latin, les Romains et les Gallo-romains trouvaient normal d'enseigner les deux langues dans leurs écoles. Tout homme cultivé doit apprendre dès l'école primaire le latin et le grec. Une telle éducation entraînait chez les Gaulois un véritable trilinguisme. Les Romains avaient, de plus, emprunté aux Grecs l'organisation de l'enseignement en trois cycles : primaire, secondaire et supérieur.

IV. — **Le *primus magister* et le *paedagogus***

L'école primaire est le plus souvent installée dans une boutique, *pergula,* près des portiques du forum dans les villes. La classe est isolée de la rue par une tenture ou *velum.* Les élèves sont assis sur des escabeaux sans dossier. Ils écrivent sur leurs genoux et sont regroupés autour du maître : *primus magister* ou *magister ludi.* Le mot « instituteur » est déjà en usage au temps de Dioclétien (245-313) dont l'Édit (301) parle du *magister institutor litterarum.*

Le métier d'instituteur est réservé aux esclaves, aux affranchis ou aux personnes de condition modeste (*obscura initia,* note Tacite). Le maître effectue un travail pénible et mal payé. L'édit de Dioclétien fixe le salaire de *primus magister* à 50 deniers par élève et par mois. Il fallait une classe d'une trentaine d'élèves pour avoir des revenus comparables à ceux d'un maçon ou d'un charpentier. Très souvent, les maîtres des écoles primaires recherchaient donc des revenus annexes.

Le plus grand nombre des enfants, filles ou garçons, fréquentait les écoles primaires malgré l'existence d'un préceptorat privé. Dans les villes de la Gaule romaine, comme à Rome, les parents faisaient appel à un esclave, *paedagogus,* qui accompagnait le jeune élève à l'école. Il fallait en effet protéger les enfants des dangers de la rue. Le *paedagogus* pouvait d'ailleurs devenir un véritable répétiteur et assurer parfois la formation morale de l'enfant.

V. — **Le matériel et les méthodes pédagogiques**

Le programme de l'école primaire est limité. L'élève doit essentiellement apprendre à lire et à écrire. On commençait à étudier l'alphabet et le nom de chaque lettre de A à X, puis à l'envers de X à A. Les lettres Y et Z ne servent à transcrire que les mots grecs. Elles sont donc considérées comme étrangères. Des lettres, on passait ensuite à l'étude des syllabes, puis des mots isolés de tout contexte.

L'enseignement de l'écriture était réalisé parallèlement à celui de la lecture. L'enfant écrivait sur une tablette recouverte de cire les lettres et les mots qu'il devait ensuite lire. Le maître guidait la main de l'enfant pour lui apprendre la forme des lettres. Les élèves utilisaient également des lettres gravées en creux dans la cire de la tablette. Chaque enfant suivait alors de son poinçon les lettres pour en apprendre la forme.

Les élèves écrivaient également à l'encre sur des rouleaux de papyrus. Ils disposaient d'un encrier *(atramentarium)* et de roseaux qu'il fallait tailler en pointe *(calamus)* avec un canif pour obtenir l'équivalent d'une plume. Mais avant de parvenir à ce stade, l'élève devait tracer pendant de nombreuses semaines des lettres sur la couche de cire molle de sa tablette.

Quand il commençait à écrire à l'encre sur un papyrus, l'enfant devait apprendre à faire des pleins et des déliés. Il y avait en fait deux types d'écriture. Les lettres capitales étaient réservées aux inscriptions ou aux livres. Sur les tablettes ou sur les papyrus, on utilisait une écriture cursive avec des lettres penchées à droite.

Pour le calcul, les enfants utilisaient des petits cailloux ou des jetons en os *(calculi),* d'où le nom de calcul donné à l'apprentissage des techniques opératoires. Une autre méthode, le comput digital, était également fréquemment utilisée. Les trois derniers doigts de la main gauche permettaient de compter les unités, le pouce et l'index, les dizaines. A l'aide de la main droite, on comptait les centaines (pouce et index) et les milliers (avec les trois derniers doigts). On pouvait ainsi compter jusqu'à 9 999, et à l'aide d'autres conventions (main touchant la poitrine ou le nombril), jusqu'au million.

Il fallait en moyenne cinq ans à un enfant pour parvenir à une maîtrise satisfaisante du programme de l'école primaire.

VI. — La journée de l'écolier

L'écolier gallo-romain bénéficie de longues vacances d'été, de la fin juillet à la mi-octobre, comme son camarade romain, mais il n'existe pas de repos hebdomadaire.

Comme à Rome, la journée des élèves de l'école primaire commence tôt. Henri-Irénée Marrou la retrace à partir des *Hermeneumata Pseudodositheana,* véritables manuels de conversation gréco-latins du IIIe siècle après Jésus-Christ.

Dès qu'il s'éveille, à l'aube, l'écolier appelle son esclave qui lui tend ses chaussons et ses souliers. Il fait ensuite sa toilette. Après s'être lavé les mains et le visage puis frotté les dents, il se parfume, se peigne et met sa pèlerine. Il confie son écritoire et son matériel à son esclave avant de saluer ses parents et de partir pour l'école. Il est toujours accompagné de son *paedagogus* qui veille sur lui et le protège des dangers de la rue.

En arrivant à l'école, le jeune élève va à la rencontre de ses camarades, salue son maître avant de prendre place sur son banc et de se mettre au travail.

Ausone indique, dans son exhortation à son petit-fils, que seule la matinée est réellement consacrée au travail scolaire. Le jeune écolier rentre déjeuner chez lui, à la maison. Après avoir mangé figues, olives, noix et fromage accompagné de pain blanc, il repart pour l'école où les exercices scolaires se prolongent parfois une partie de l'après-midi. La journée s'achève enfin par le bain aux thermes.

VII. — La méconnaissance de l'enfant

La vie du bébé et de l'enfant s'écoule à la maison jusqu'à son entrée à l'école à l'âge de 7 ans. Dès sa naissance, il est confié, dans les familles riches, à une nourrice esclave qui est souvent affranchie lorsque celui qu'elle a nourri parvient à l'âge adulte. Le bébé reste enfermé dans un maillot fait de bandelettes entrecroisées jusqu'à ce qu'il sache marcher. L'enfant est alors sous l'influence de sa mère.

L'école ne respecte pas la personnalité encore fragile du jeune enfant. L'éducation et l'enseignement s'appuient sur les réprimandes et les châtiments. Ausone encourage son petit-fils à supporter sans révolte ni terreur les épreuves imposées par le maître souvent irascible. Cependant, dès la fin du Ier siècle après Jésus-Christ, les théoriciens de l'éducation comptent davantage sur l'émulation et les récompenses pour obtenir de bons résultats. Les enfants reçoivent gâteaux et jouets dès leurs premiers succès dans l'apprentissage de la lecture, de l'écriture ou du calcul. L'on voit bientôt apparaître une réelle humanisation de la discipline dans les écoles primaires malgré la résistance de moralistes austères qui restent fidèles à l'ancienne tradition de sévérité.

VIII. — **L'éducation chrétienne**

La famille chrétienne est le milieu naturel où doit se former l'âme de l'enfant. Un traité de saint Jean Chrysostome donne de précieux conseils sur la manière d'élever les enfants dans les familles chrétiennes. C'est aux parents, au père pour les garçons et à la mère pour les filles, que revient la formation chrétienne. Il faut que le jeune chrétien apprenne l'histoire sainte. Mais si l'éducation chrétienne ne relève pas du domaine de l'école primaire, l'Église ne peut se désintéresser de l'école qui assure les apprentissages fondamentaux. Les premiers chrétiens, si déterminés à rompre avec le monde païen, n'ont pas créé d'école chrétienne.

Le christianisme méditerranéen a cohabité sans difficulté avec l'école romaine. Même après Constantin et la transformation du christianisme en religion d'État en 391 après Jésus-Christ, les chrétiens ne créent pas leurs propres écoles. Les maîtres du IVe siècle après Jésus-Christ sont aussi bien des païens que des chrétiens qui donnent un enseignement d'une réelle neutralité. Une profonde symbiose existe lorsque l'empereur Julien L'Apostat, par une loi du 17 juin 362, interdit l'enseignement aux chrétiens. La loi soumet l'exercice de la profession d'enseignant à l'autorisation préalable des municipalités et à la sanction impériale sous prétexte d'effectuer le contrôle de la compétence et de la moralité des maîtres. L'empereur Julien montre une forte virulence anti-chrétienne. Pour lui, les chrétiens sont des barbares qu'il appelle « Galiléens ». L'école devient avec lui un lieu privilégié de reconquête païenne.

Les chrétiens réagissent avec force contre cette loi qu'ils considèrent comme humiliante. Une véritable « guerre scolaire » se développe alors. Mais dès 364 après Jésus-Christ, l'édit de Julien est supprimé. Les maîtres chrétiens reprennent leur place dans les écoles.

Chapitre II

LES PREMIÈRES ÉCOLES CHRÉTIENNES AU DÉBUT DU MOYEN AGE (VIe-VIIe SIÈCLES)

Les invasions retardent la diffusion de la culture chrétienne définie par l'évêque d'Hippone, Augustin. La Gaule occupée par les Wisigoths (418-507), les Burgondes (453-531) et les Francs reste romanisée au sud de la Loire. En revanche, l'influence des Francs est présente au nord d'une ligne Nantes-Besançon. Bientôt cependant, les écoles ecclésiastiques l'emportent sur les écoles gallo-romaines dans toute la Gaule. Trois types d'écoles chrétiennes apparaissent : les écoles monastiques ou claustrales, les écoles épiscopales ou cathédrales et les écoles presbytériales ou paroissiales.

I. — La survie de l'école antique

L'école antique a survécu, en Gaule, aux invasions germaniques. Il n'y a pas de rupture brutale entre l'école gallo-romaine où est élevé Sidoine Apollinaire au début du Ve siècle après Jésus-Christ et celles de la fin du siècle dans les territoires sous domination des Wisigoths, des Ostrogoths ou des Burgondes. La culture romaine classique se maintient surtout, cependant, au sud de la Gaule mérovingienne. Les rois wisigoths, burgondes ou francs laissent subsister les écoles et la culture classique. Ils abandonnent rapidement les écritures runiques pour le latin. En 511, Clovis fait rédiger la loi des Francs saliens intégralement en latin, à l'exception de quelques textes qui restent en vieil haut-allemand.

Les écoles municipales existent encore dans le dernier tiers du Ve siècle. La génération d'Ausone (310-394) connaît la structure normale des écoles romaines avec leurs trois degrés où enseignent successivement le *primus magister,* le grammairien et le rhéteur. Lorsque les écoles officielles organisées par les municipalités disparaissent, l'éducation classique parvient encore à survivre. Des maîtres ouvrent des écoles privées réunissant quelques élèves à leur domicile ou dans un local modeste en ville. C'est ainsi que Sidoine Apollinaire, né à Lyon vers 430, rappelle dans ses « Lettres » à son ami Probus leurs études communes à Arles dans la maison de leur maître Eusebius *(inter Eusebianos lares)*.

Ce recul de la culture antique prend sa source dans la disparition progressive des écoles primaires scolarisant les enfants de 7 à 12 ans. La progression de la langue germanique aux dépens du latin s'est cependant très tôt stabilisée sur un front allant de la Picardie jusqu'à Maastricht en longeant la Sambre et la Meuse.

II. — **Le Concile de Vaison (529) et la nouvelle école**

Quatre hommes marquent profondément les contenus de l'enseignement médiéval : Boèce (480-525), Cassiodore (v. 480 - v. 575), Grégoire le Grand (v. 540-604) et Isidore de Séville (v. 570-636).

Ainsi Cassiodore, dans son monastère de Vivarium fondé en 555, décide de définir une véritable culture chrétienne. Dans ses *Institutiones divinarum et saecularium litterarum,* il vulgarise les notions élémentaires de la culture sacrée et de la culture profane.

Une nouvelle école se fait jour dès le VIe siècle. Les initiatives de l'Église se généralisent et sont acceptées officiellement au Concile de Vaison (529). Les prêtres établis dans les paroisses sont encouragés à recevoir chez eux de jeunes enfants ou adolescents. Ils doivent leur apprendre les psaumes et leur enseigner la loi du Seigneur. Le Concile de Vaison est le véritable acte de naissance des écoles presbytériales ou paroissiales. Désormais, le corps enseignant est composé dans sa grande majorité par des clercs. Le savoir, dès l'école primaire, est la propriété des hommes d'Église. Seul le préceptorat privé permet encore aux grandes familles d'avoir accès à l'éducation antique classique. Les laïcs, le plus souvent, sont maintenant enseignés par les clercs. Toutes les bases de l'enseignement médiéval sont posées pendant ces siècles du haut Moyen Age. Instruction littéraire et instruction religieuse sont étroitement liées.

III. — Les écoles monastiques, épiscopales et presbytériales

Les écoles monastiques ou claustrales apparaissent dès le Ve siècle après Jésus-Christ en Gaule barbare.

Saint Martin, né en Hongrie vers 316, évêque de Tours en 371, crée plusieurs monastères, notamment celui de Marmoutier en Touraine. Il apporte la tradition monastique égyptienne en Gaule.

A partir de 575, les moines irlandais arrivent en Gaule du Nord avec saint Colomban, pour l'évangéliser. Ils créent des écoles dans leurs monastères.

Saint Benoît (480-543) crée également des écoles où l'on apprend « le service du Seigneur ». Les enfants entrent dès 7 ans dans le monastère et même parfois plus jeunes. Ils doivent apprendre à lire et à écrire, regroupés par dix sous la direction d'un moine lettré qui enseigne trois heures par jour. Dès qu'il sait lire, le jeune novice apprend par cœur les 150 psaumes. Le psautier est l'instrument essentiel de l'enseignement monastique. Selon la Règle de saint Benoît, trois heures sont encore consacrées chaque jour à cette étude.

La pédagogie monastique s'adresse aussi aux femmes. Vers 507-512, Césaire d'Arles, dans la règle qu'il rédige pour les moniales dirigées par sa sœur Césarie, précise qu'elles doivent apprendre à lire et y consacrer deux heures chaque matin.

Les écoles épiscopales ou cathédrales sont situées surtout au sud de la Loire. Elles regroupent dans les bâtiments de l'évêché de jeunes clercs. Entrés à l'école vers 10 ans, ils sont encadrés par l'archidiacre, le chef des lecteurs, le chantre et le notaire. Chaque élève commence à lire les psaumes et à chanter les hymnes. Les évêques qui dirigent ces écoles ont abandonné le latin scolaire classique et adopté le latin parlé où se confondent déjà l'accusatif et le datif.

Les écoles presbytériales ou paroissiales sont instituées au VIe siècle après le Concile de Vaison (529). Le programme de ces écoles est semblable à celui des écoles épiscopales. Mais, ici, le prêtre s'occupe de tout, comme à l'école d'Issoire.

Dans ces trois types d'écoles, le matériel pédagogique utilisé par les élèves n'évolue guère. Tablettes recouvertes de cire et stylets en os ou en argent sont toujours présents. Le parchemin, peau tannée de mouton ou de chèvre, a remplacé le papyrus (feuille obtenue avec l'écorce de papyrus). Poncé, le parchemin est récupéré pour en faire un palimpseste, manuscrit dont on a effacé l'écriture primitive pour écrire un nouveau texte.

Au niveau élémentaire, la connaissance de l'alphabet reste le fondement de l'apprentissage de la lecture. L'élève apprend ensuite les syllabes et les mots. Le maître exige de chaque enfant l'étude du psautier. Il faut au moins deux ou trois ans pour apprendre par cœur les 150 psaumes. La mémoire reste essentielle dans les apprentissages de l'école élémentaire. Le maître n'enseigne qu'un élève à la fois ; mais les jeunes moines s'entraident mutuellement. Le calcul, enfin, est toujours enseigné, comme dans l'école antique, à l'aide du comput digital.

IV. — **La culture religieuse en Gaule mérovingienne**

Les centres d'enseignement monastique proposent une éducation à la vie spirituelle et mystique que l'Antiquité gallo-romaine ne connaissait pas. La morale enseignée est proche de celle des stoïciens et prend sa source dans l'Ancien Testament. L'enseignement recherche « la pureté du cœur ». Il y a désormais opposition entre la culture monastique et la culture antique classique. L'on refuse maintenant la confusion entre textes sacrés et profanes. Grégoire le Grand indique à Didier, évêque de Vienne en 601, que l'on ne peut mêler les louanges adressées à Dieu et à Jupiter. L'élève doit abandonner le culte des Muses pour celui de Dieu. L'évêque lui-même ne doit pas lire les livres païens. Un laïc ne peut devenir clerc qu'après une réelle conversion intellectuelle.

Cette éducation et cette culture religieuses reposent sur des livres liturgiques. Le scriptorium épiscopal doit les recopier, car ils s'usent rapidement. Les *scriptoria* de Saint-Denis, de Meaux ou de Saint-Martin de Tours sont célèbres. Désormais l'éducation est confiée exclusivement à des clercs qui ont le monopole de la culture à tous les niveaux de l'enseignement.

V. — **Une majorité d'illettrés dans les campagnes**

A partir du VIIe siècle, le peuple devient de plus en plus rude et frustre. Les illettrés sont nombreux. Les prédicateurs abandonnent la Bible pour commenter plus simplement la vie des saints. Ils insistent sur les principes d'une morale quotidienne concrète : ne pas voler, ne pas tuer et vivre chastement. Les clercs s'efforcent d'obtenir de tous la connaissance par cœur du *Credo* et du *Pater*.

Clercs et moines utilisent le sermon et la liturgie pour l'instruction religieuse des laïcs. Césaire d'Arles se consacre à l'évangélisation du peuple par le sermon. L'homélie, allocution à partir d'un texte biblique, remplace le discours oratoire classique de l'époque gallo-romaine.

Césaire demande aux lettrés d'accepter les rustiques dans les homélies pour « que le troupeau du Seigneur puisse recevoir la nourriture céleste dans un langage simple et terre à terre. Puisque les ignorants et les simples ne peuvent s'élever à la hauteur des lettrés, que les lettrés daignent s'abaisser à leur ignorance » (Césaire d'Arles, Sermon LXXXVI dans P. Riché, *Éducation et culture dans l'Occident barbare*).

Chapitre III

LA RENAISSANCE CAROLINGIENNE (VIIIe-Xe SIÈCLE)

La vie culturelle à l'époque carolingienne est marquée par un renouveau qui s'oppose à la barbarie de l'époque de Charles Martel et de Pépin le Bref où les laïques étaient devenus illettrés et où seuls les moines, dans quelques monastères, avaient reçu un minimum de formation intellectuelle leur assurant la maîtrise de la lecture et de l'écriture. En reconstituant l'empire d'Occident, Charlemagne réalise pour quelques décennies l'unité politique du monde chrétien et favorise l'œuvre éducative de l'Église en prescrivant l'ouverture d'écoles dans ses capitulaires et en modifiant les programmes. La Gaule connaît alors une véritable « renaissance ».

I. — La formation intellectuelle de Charlemagne

Eginhard, le biographe de Charlemagne qui a bien connu l'empereur, indique que celui-ci a appris les langues étrangères. Il s'exprime, par ailleurs, indifféremment en latin et dans sa langue maternelle. En revanche, s'il comprenait le grec, il ne le parlait pas couramment. Il apprit la grammaire auprès du diacre Pierre de Pise. Mais son vrai maître fut Alcuin, diacre originaire de Grande-Bretagne, un des hommes les plus savants de son temps. Il fut formé dans la prestigieuse école d'York où il a recueilli l'héritage de Bède le Vénérable, savant bénédictin. C'est à l'occasion d'un voyage en Italie qu'il rencontre Charlemagne. Celui-ci lui demande de l'aider à définir sa politique ecclésiastique et à organiser l'enseignement. En remerciement, il le met à la tête de plusieurs monastères. Pendant les années qu'il passe à la cour, Alcuin se met au service de tous. Il devient « le précepteur de la Gaule ».

Un des premiers objectifs de la politique scolaire de Charlemagne fut l'épuration de la langue latine et des textes sacrés. Ceux-ci étaient encombrés de barbarismes depuis l'époque mérovingienne sous l'influence du latin parlé. Ce retour au latin classique explique l'appel à des hommes instruits venant de pays où la culture antique était encore vivante, comme l'Italie, ou de pays où cette culture avait été soigneusement conservée dans les monastères, comme en Grande-Bretagne ou en Irlande.

II. — L'éducation de l'aristocratie

A l'époque de Charles Martel, les jeunes nobles recevaient une éducation presque exclusivement guerrière. Chaque noble entrait dans la *familia* du prince par le rite de l'adoubement à l'âge de 14 ans. L'on passait ainsi sans transition de l'enfance à l'âge adulte. Il n'y avait pas d'adolescence. Louis le Pieux et Charles le Chauve ont été adoubés au même âge. Très tôt, avant 14 ans, le jeune noble est initié à la chasse, à l'équitation, à l'escrime ou aux joutes organisées lors des grandes fêtes traditionnelles. L'éducation des enfants valorise la violence, la vengeance et la force. Le clergé s'efforce d'adoucir les mœurs de la noblesse.

Mais cette éducation primaire effectuée dans les familles nobles n'assure pas la maîtrise de l'écriture. De nombreux nobles signent les diplômes ou les actes officiels d'une simple croix.

L'influence maternelle reste forte dans l'éducation des jeunes nobles carolingiens. Le préceptorat privé continue à être pratiqué. Le jeune Guibert de Nogent, vers 1053, est instruit par un clerc qui lui impose une discipline très stricte. Les enfants apprenaient ainsi à lire, mais plus rarement à écrire. Quelques-uns parvenaient cependant à une bonne connaissance du latin. Les familles nobles possédaient parfois une véritable bibliothèque. Ainsi, Eccard, comte de Mâcon, partage, entre 876 et 882, ses livres entre ses enfants. Eberhard en distribue une cinquantaine entre ses filles et ses fils.

Mais ces lettrés nobles représentaient une infime minorité face aux illettrés *(illitterati)* qui ne connaissaient pas le latin et ne savaient pas écrire. De nombreux enfants nobles ne parlaient que la langue d'oc, la langue d'oïl ou le vieil haut-allemand. Les bardes celtiques diffusent encore des légendes ancestrales en Bretagne. La chanson de Roland, composée après la défaite de Roncevaux (15 août 778) était connue de tous, si l'on en croit le biographe de Louis le Pieux.

Dans les châteaux, à la veillée, tous les milieux sociaux se mêlaient pour écouter les hauts faits de guerre des nobles carolingiens. Une éducation des enfants du peuple se faisait alors par simple audition aux côtés d'un public noble.

III. — **La réforme scolaire**

Charlemagne a l'ambition d'assurer un niveau culturel minimum dans les 400 comtés, les 1 254 abbayes et les 312 cathédrales de l'empire.

Le célèbre capitulaire de 789 : « Admonitio Generalis » (Conseil général) est le premier acte important concernant l'enseignement élémentaire. Un chapitre entier est consacré à l'école : « Que les prêtres attirent vers eux non seulement les enfants de condition servile mais aussi les fils d'hommes libres. Nous voulons que les écoles soient créées pour apprendre à lire aux enfants.

Dans tous les monastères et les évêchés, enseignez les psaumes, les notes, le chant, le comput, la grammaire, et corrigez soigneusement les livres religieux. » Il s'agit d'un véritable programme d'alphabétisation : lire, écrire, chanter et calculer les dates des fêtes de l'année.

Ce souci d'assurer un enseignement élémentaire est présent dans de nombreuses lettres et capitulaires. Jusqu'à la fin de son règne, Charlemagne fait diffuser ses ordres par les conciles. Celui de Chalon en 813 ordonne aux évêques d'établir « des écoles où l'on puisse étudier l'Écriture et les lettres profanes ». Le bilan reste néanmoins modeste. L'école palatine à Aix-la-Chapelle n'est pas l'école primaire légendaire décrite dans les manuels d'histoire de la IIIe République. Elle est, en réalité, un établissement d'enseignement secondaire et supérieur.

Les écoles monastiques et épiscopales se développent cependant, au fil des années, dans tout l'empire. Ainsi, Théodulfe, évêque d'Orléans, encourage l'éducation des enfants.

Dans le nouveau royaume de Francie occidentale dont Charles le Chauve est le premier roi de 840 à 877, les évêques ordonnent, au Concile de Savonnières en 859 « d'établir partout des écoles publiques », c'est-à-dire protégées par le roi et où l'on enseigne à la fois la sainte Écriture et les lettres.

Sous le règne de Louis le Pieux et de Charles le Chauve, les résultats obtenus dans le domaine de l'enseignement élémentaire commencent à être sensibles. Au nord de la Loire, les écoles des monastères sont actives. Hincmar, archevêque de Reims, applique le programme de Savonnières (859) et développe une culture à la fois religieuse et humaniste. Les écoles épiscopales, presbytérales et monastiques prennent leur essor au nord de la Francie occidentale. Les *scriptoria* se multiplient. Les ateliers de copistes adoptent une nouvelle écriture, la minuscule caroline, mise au point à l'abbaye de Corbie. Sobre et élégante, dépouillée des arabesques et des boucles décoratives, la caroline est le résultat d'années d'efforts pour obtenir une graphie régulière. Elle simplifie l'écriture et la lecture. Les lettres se tracent plus rapidement, et les mots, qui sont détachés les uns des autres, sont plus faciles à déchiffrer.

La première génération des instituteurs carolingiens est marquée par la culture anglo-saxonne essentiellement religieuse ; la deuxième génération est formée sous l'influence de maîtres irlandais qui ont su prendre en compte également la culture classique profane.

IV. — Les maîtres au Xe siècle

Les derniers rois carolingiens et les premiers rois capétiens montrent peu d'intérêt pour l'enseignement et la culture. Les liens entre le pouvoir politique et le monde savant de l'Église s'affaiblissent. L'Église elle-même tombe aux mains des laïcs. Les monastères connaissent d'importantes difficultés. Les moines fuient devant les invasions des Danois, des Sarrasins ou des Hongrois. A partir du début du Xe siècle, la Normandie puis la Bretagne perdent pratiquement toute trace de culture. Mais, malgré ces désordres, l'enseignement reste présent autour des cathédrales, des monastères ou des églises rurales. Au Xe siècle, on assiste même à un nouvel essor de l'enseignement à tous les niveaux.

Après les pillages et les ravages consécutifs à chaque invasion, les évêques et les abbés s'efforcent de réunir maîtres et scribes pour préserver le niveau culturel des clercs et des laïcs. Un mouvement de réforme monastique s'efforce de mettre fin aux abus entraînés par la mainmise des laïcs sur l'Église. La fondation de l'abbaye de Cluny par Guillaume le Pieux, duc d'Aquitaine, pour des moines bénédictins, sous la direction de l'abbé Bernon, s'inscrit dans cette volonté de réforme.

Saint-Benoît-sur-Loire observe à partir de 930 les mêmes grands principes. En Lorraine, en Flandre et en Normandie, l'esprit réformateur se développe. Des moines irlandais s'installent à partir de 940 dans les monastères et les évêchés de Lorraine et du nord du royaume. Au sud de la Loire, les centres d'enseignement sont moins nombreux. Cependant, l'école monastique de Saint-Martial de Limoges connaît un grand rayonnement dès 950.

Partout l'enseignement est de plus en plus intellectuel et profane. Avant d'entreprendre les « études secondaires » du *trivium* (grammaire, rhétorique et dialectique) et du *quadrivium* (arithmétique, géométrie, astronomie, musique), les élèves doivent apprendre à lire, à écrire et à compter à l'école élémentaire. Les écoles n'ont plus besoin désormais de l'impulsion des rois ou des empereurs pour progresser. Partout, le latin d'église constitue la langue universelle européenne qui permet aux écolâtres de communiquer et de se comprendre. Alors que l'école d'Alcuin était marquée du sceau de la culture religieuse et liturgique, l'école du Xe siècle s'ouvre à la culture profane.

V. — Les programmes scolaires

Depuis l'époque carolingienne, la langue enseignée n'est plus celle que parle le peuple. L'enseignement se fait en latin dès l'école élémentaire. Maîtres et élèves parlent latin alors que les homélies dans les églises se font dans la langue romane régionale (langue d'oïl ou langue d'oc) ou dans la langue germanique pour que le peuple puisse comprendre le message des prêtres. Les souverains prennent soin également de s'exprimer en langue vulgaire dans leurs traités. Ainsi, les serments de Strasbourg en 842 sont écrits en roman, en germanique et en latin.

Les enfants, dès leur plus jeune âge, deviennent bilingues lorsqu'ils fréquentent une école. Ils parlent, lisent et écrivent le latin, mais continuent à s'exprimer dans leur langue régionale dans la vie quotidienne. Dès l'âge de 7 ans, ils apprennent à lire dans les psaumes.

Du IXe au XIe siècle, les manuels primaires de l'Antiquité sont à nouveau très appréciés et utilisés : fables du fabuliste grec Ésope (VIe siècle avant Jésus-Christ) ou du fabuliste latin Phèdre (Ier siècle après Jésus-Christ), textes du géographe latin Avienus (IVe siècle après Jésus-Christ), proverbes attribués à Sénèque

(4-65 après Jésus-Christ), distiques (ensemble de deux vers formant une unité de sens) de Caton.

Le contenu des programmes de l'enseignement élémentaire (lire, écrire, compter, chanter) n'a pas réellement changé depuis l'époque gallo-romaine. La redécouverte de la culture antique suppose l'existence de manuscrits faciles à lire. Le haut Moyen Age utilisait des lettres complexes, soit la capitale et l'onciale (lettres capitales d'assez grandes dimensions), avec pleins et déliés lents à tracer et difficiles à lire, soit des cursives très variées et souvent illisibles. C'est en Gaule qu'ont lieu, à partir du VIIIe siècle, les recherches qui aboutissent à la mise au point de l'écriture caroline, une minuscule rapide et régulière basée sur l'alphabet latin séparant nettement les mots et les groupes de mots. Le coûteux papyrus a été abandonné depuis longtemps au profit du parchemin, peau tannée de mouton ou de chèvre, poncée pour recevoir l'écriture, que l'on gratte souvent en vue de le réutiliser.

Les rudiments du calcul, sans notation écrite, sont acquis seulement à l'aide du comput digital. Ils permettent de résoudre les problèmes les plus simples de la vie quotidienne.

VI. — **Les écoles juives**

Depuis l'époque romaine, il y avait en Gaule des juifs qui jouissaient de tous les droits. L'installation du christianisme les leur retira. Le règne de Charlemagne fut une accalmie, mais la mise en place de la féodalité restreint peu à peu leur liberté. Ils n'ont plus désormais le droit de posséder des terres ni d'exercer des professions sujettes à la tutelle des corporations. Ils ne peuvent vivre que du prêt à intérêts entraînant la jalousie et souvent la haine de leurs débiteurs. Sous l'influence de l'église chrétienne, il se crée dans l'esprit du peuple une image négative du juif considéré comme un usurier diabolique.

La première diaspora avait créé des communautés en Gaule narbonnaise. Les juifs méditerranéens étaient appelés Sefardhim par opposition au groupe des Ashkenazim de la deuxième diaspora qui s'était installée en Bourgogne, en Champagne et sur les bords du Rhin.

Le niveau intellectuel est très élevé dans les communautés israélites. Aucun juif ne peut être analphabète. L'enfant juif commence à étudier l'alphabet dès l'âge de 5 ans. L'année suivante, l'éducation élémentaire se fait à raison de dix heures par jour pendant environ deux cent soixante jours par an jusqu'à l'âge de 13 ans. Les élèves étudient la torah, nom donné par les Israélites au Pentateuque et, plus spécialement, à la loi de Moïse, ainsi que le Talmud, livre saint des juifs qui contient les enseignements des anciens docteurs de la loi. Ces textes sont écrits en hébreu ou en araméen, langues mortes pour les juifs qui parlaient le ladino dans le sud de la Gaule et l'ancêtre du Yiddish (judéo-allemand) dans le Nord. Ainsi les enfants juifs sont bilingues dès leur plus jeune âge comme les enfants chrétiens.

Les méthodes d'enseignement sont très proches de celles utilisées dans les écoles chrétiennes. L'élève doit apprendre par cœur les versets de la loi et les commentaires du maître. La rareté des livres explique cette sollicitation permanente de la mémoire. Grâce à cet enseignement essentiellement oral, le peuple juif maintient sa culture et sa civilisation.

L'enfant, qui est la propriété des parents, est marié très jeune, dès sept ans. Le mariage est un contrat social. La jeune fille qui n'a pas reçu d'éducation intellectuelle ne peut se marier que si elle reçoit une dot confortable, la Ketubah. Beaucoup de jeunes mariés mineurs apprennent à la fois un métier et la loi.

Chapitre IV

L'ESSOR DE L'ENSEIGNEMENT MÉDIÉVAL (XIe-XIIIe SIÈCLE)

Du XIe au XIIIe siècle, l'enseignement médiéval connaît un profond bouleversement et un réel essor. L'on assiste à un recul des écoles monastiques et à un développement sans précédent des écoles urbaines qui fleurissent au voisinage des chapitres cathédraux. Le déplacement des écoles depuis les cloîtres isolés dans les campagnes vers les cités épiscopales, lié au développement urbain, libère et stimule l'enseignement.

I. — L'éducation familiale

A partir du XIe siècle, un net intérêt pour l'enfant se fait jour. Certes, Pierre Abélard (1079-1143) dénonce encore « la malpropreté des enfants en bas âge », mais, désormais, l'on prend soin de lui dès sa naissance. La mère veille étroitement sur son enfant. Philippe de Novare, dans *Les quatre âges de l'homme,* recueil de conseils écrit en 1265, recommande aux mères de ne pas écraser les enfants dans leur lit au cours de la nuit.

La mère a la charge de l'instruction chrétienne. Elle apprend à son fils ou à sa fille le *Credo,* le *Pater,* l'*Ave Maria* et les premiers commandements. Les mères montrent dans l'éducation de leurs enfants une grande tendresse. Les corrections sont rares, et lorsqu'elles existent, elles ont pour but d'éviter les fautes les plus graves, comme le vol ou le blasphème. Les verges ne sont plus utilisées.

L'enfance n'est plus seulement un état transitoire qui conduit à l'âge adulte mais un monde en soi. L'enfant mérite les soins les plus attentifs des parents. De nombreux conseils leur sont donnés pour assurer la bonne santé de leurs enfants. Ainsi, Vincent de Beauvais, dominicain qui enseigna devant Saint Louis, écrit dans le premier livre de son *Speculum majus* (1256-1259), en s'appuyant sur le *Protagoras* de Platon : « La journée d'un jeune enfant doit commencer par un bain, continuer par le jeu jusqu'au petit déjeuner et se terminer par un autre bain. L'école doit débuter à 6 ans, mais on ne poussera pas l'enfant à y aller tous les jours. »

II. — **L'éducation populaire**

Les paysans, qui représentent la majorité de la population, et le petit peuple des villes demeurent le plus souvent analphabètes. Rares sont les pauvres qui peuvent fréquenter une école élémentaire urbaine ou rurale. Il y a néanmoins quelques exceptions. Ainsi, à Angers, le comte d'Anjou et sa femme font une donation au monastère suburbain de Notre-Dame de Ronceray pour scolariser douze enfants pauvres. Ceux-ci sont nourris par le monastère ; chaque enfant dispose de 600 g de pain environ et de 50 g de pois chiches ou de lentilles.

L'éducation populaire s'effectue, dans la plupart des cas, dans la famille et dans son environnement immédiat. C'est l'école de la vie. Le jeune enfant s'initie dès son plus jeune âge aux travaux de la vie quotidienne. Chaque mère apprend à ses filles à entretenir le foyer, à broyer les aliments et à les cuire. De même, elles doivent savoir filer le lin, le chanvre ou la laine à l'aide de quenouilles ou de fuseaux en bois et manier le métier à tisser. Les épouses pourront ainsi confectionner à domicile les vêtements de la famille. A la campagne, les garçons découvrent très tôt aux côtés de leur père et de leurs voisins les subtilités de la chasse : chasse au gros ou au petit gibier (lapin, lièvre, gibier à plume). Ils s'initient également à la pêche en rivière ou en mer. Ce savoir-faire leur sera très utile, au cours de leur vie, pour assurer un complément de nourriture à leur famille. L'éducation populaire reste toujours concrète. Elle se transmet par voie orale. Les enfants du petit peuple des villes ou des paysans savent rarement lire, écrire et compter, n'ayant jamais eu la possibilité de fréquenter une école.

Le monde paysan et le petit peuple des villes ignorent le latin, langue toujours réservée à l'élite qui fréquente les écoles. Chaque enfant parle la langue de la région qui l'a vu naître. La France est divisée en deux grandes zones linguistiques : au nord de la Loire, les pays de langue d'oïl ; au sud, ceux de langue d'oc, ainsi nommés d'après le terme que chacune utilise pour dire « oui ». La limite entre ces deux zones va de la pointe de Grave, en Gironde, à Grenoble, en passant par Bordeaux, Bellac et Clermont-Ferrand. Il y a autant de dialectes, de spécificités phonétiques, lexicales ou syntaxiques qu'il y a de régions. Au Nord, on parle le normand, le picard, le champenois, le lorrain, le franc-comtois, le bourguignon, l'angevin, le francien, le poitevin et le saintongeais. Au Sud, on parle le gascon, le catalan, le provençal, le limousin, l'auvergnat, le dauphinois et le franco-provençal dans le Lyonnais, la Savoie et la Suisse romande. On commence déjà à se moquer des accents et des parlers provinciaux.

III. — Le déclin des écoles monastiques

Au XIIe siècle, la plupart des écoles monastiques entrent en décadence. Étant situées à la campagne, elles n'attirent plus les élèves qui se dirigent désormais vers les villes devenues les principaux centres d'activités. Certains abbés, comme Bernard (1091-1153), premier abbé de l'abbaye de Clairvaux, ne tiennent pas à ce que leurs disciples s'intéressent trop aux choses de l'esprit au risque d'oublier leur idéal religieux. Peu à peu, au fil des années, ils ferment les monastères à tous ceux qui ne sont pas moines. Ainsi les écoles monastiques ont-elles moins d'importance que par le passé. Désormais les foyers les plus actifs sont séculiers et fleurissent près des chapitres cathédraux. Ce déplacement des écoles depuis les cloîtres isolés des campagnes vers les cités épiscopales rend les écoles plus ouvertes et plus libres.

Dans le sud de la France, les centres d'enseignement sont encore rares, aussi bien en Languedoc qu'en Aquitaine. En revanche, les monastères sont plus nombreux et plus prospères en Bourgogne. Cluny, Cîteaux, Clairvaux et la Grande Chartreuse ont un grand rayonnement. L'école revient à une stricte tradition ascétique. L'on s'efforce de réduire l'enseignement à l'étude de la grammaire latine pour en arriver rapidement à l'étude de la Bible.

Les écoles monastiques sont encore nombreuses au nord de la Loire, notamment en Normandie, en Ile-de-France et en Flandre.

Les écoles monastiques de l'Ile-de-France reçoivent le plus souvent les élèves qui n'ont pas trouvé de place dans une école urbaine ou ont subi un échec dans une école cathédrale en ville. Elles se replient rapidement sur elles-mêmes et ne sont plus tournées vers l'extérieur.

Dans les vallées de la Meuse et de la Sambre, les écoles monastiques restent longtemps ouvertes au monde mais l'on observe bientôt partout la même tendance au repli. A la fin du XIe siècle, à l'exception de quelques couvents, les écoles monastiques reviennent à leur vocation première : l'éducation ascétique par l'étude des textes sacrés. Ce refus de contact avec les laïcs caractérise la réforme grégorienne, impulsée par le pape Grégoire VII (1073-1085) qui fut moine à Cluny sous le nom d'Hildebrand. Partout l'ancienne pratique des « oblats nourris » tend à disparaître sous l'influence de Cluny. Tout enfant accueilli dans un monastère doit devenir moine. Cîteaux accentue cette tendance. Bruno (1030-1101), après avoir dirigé les écoles de Reims, abandonne l'enseignement pour se retirer à la Grande-Chartreuse en 1084, lieu désert et vide d'hommes.

IV. — L'essor des écoles urbaines

Sous l'impulsion de la renaissance du commerce, les villes se développent. Des agglomérations nouvelles *(burgus)* ou des faubourgs *(suburbium)* apparaissent auprès de centres urbains plus anciens. Elles sont protégées par une enceinte fortifiée dès la première moitié du XIIe siècle comme à Amiens (1135), à Dijon (1137), à Rouen (1150) ou à Paris (avant 1150).

Dans ces villes désormais prospères et plus libres, les écoles deviennent de plus en plus nombreuses. Partout où se tient un chapitre de chanoines, soit dans une cathédrale soit dans une collégiale, existe une école avec un enseignement à la fois élémentaire et secondaire *(trivium* et *quadrivium)*. Quelques écoles comme celles de Paris, de Chartres, d'Orléans, de Reims ou de Laon acquièrent une grande notoriété. Dans le sud de la France, Montpellier brille de tout son éclat. En Aquitaine, chaque cité épiscopale a son école. A Angers, l'écolâtre de la cathédrale dirige plusieurs écoles. On y encourage la scolarisation d'écoliers pauvres.

Les écoles de cathédrales et de collégiales sont nombreuses dans le nord et l'est du royaume. L'importance de l'école épiscopale de Chartres est si grande que les sculpteurs de la cathédrale lui rendent hommage. La réputation des maîtres parisiens l'emporte à la fin du XIIe siècle sous l'épiscopat de Maurice de Sully (1161-1196).

Dès leur plus jeune âge, les enfants acquièrent les bases du savoir et, avant toute chose, la maîtrise du latin qui permet d'accéder à l'enseignement secondaire et supérieur, à la pratique de la dialectique dans le cycle des arts et aux études de théologie. L'enseignement est destiné aux clercs instruits pour les postes qui leur sont réservés dans les chancelleries, les tribunaux ou les organes administratifs mais aussi aux enfants de bourgeois qui veulent avoir accès au grand commerce, aux fonctions administratives ou à la médecine. Selon Guibert de Nogent, vers 1060, on ne rencontre pratiquement pas de maîtres de grammaire dans les bourgs. En revanche, au début du XIIe siècle, la majorité des écoles qui assurent tous les niveaux d'enseignement, depuis l'enseignement élémentaire à l'enseignement supérieur, mettent la grammaire à la portée des enfants les plus jeunes. Selon son témoignage, il y avait des écoles, même dans les villages et les bourgs les plus modestes.

V. — De nouvelles connaissances

L'influence des textes venus d'Italie ou d'Espagne et des communautés juives contribue à enrichir les connaissances de tous les niveaux d'enseignement.

Par leurs relations humaines ou économiques, les juifs ont des liens permanents avec le monde musulman ou byzantin. Les bibliothèques israélites, comme à Lunel, sont importantes au XIIe siècle. Tout parchemin sur lequel est écrit le nom de Dieu doit être conservé. Le médecin Juda ibn Thibon dit à son fils : « Examine les livres hébreux à chaque nouvelle lune, les volumes arabes tous les deux mois et les rouleaux chaque trimestre. » Les ouvrages sont prêtés. Le prêt gratuit était une obligation morale. Les connaissances circulent donc très tôt chez les écoliers, dès qu'ils sont en mesure de maîtriser la lecture. La diffusion de textes antiques traduits de l'arabe élargit l'horizon des connaissances. Les juifs espagnols, chassés par les Almohades, apportent les œuvres de Moïse Maïmonide, le philosophe de Cordoue. Deux de ses livres, la *Michnè Torah*, abrégé des lois juives et des dogmes, ainsi que le *Guide des égarés* (1190) contribuent à l'évolution de l'enseignement dès l'école élémentaire. Juda ibn Thibon conseille à son fils d'étudier les livres profanes.

L'enseignement des mathématiques est profondément transformé. Léonard de Pise introduit les chiffres arabes, en réalité indiens. L'utilisation du zéro facilite désormais le calcul. Les enfants peuvent résoudre les quatre opérations très rapidement alors que l'usage des chiffres romains est très lent.

Malgré ces progrès importants, la fabrication des livres limite la circulation des connaissances. La production de parchemin est insuffisante. La profession de parcheminier est surveillée. L'apparition du papier constitue une véritable révolution. Les moulins à papier apparaissent en France au XIIIe siècle dans la région d'Ambert, en Auvergne. En fait, la diffusion du papier reste lente. La corporation des tabletiers continue à fabriquer les tablettes enduites de cire que l'on utilise notamment à l'école élémentaire.

VI. — **Les programmes et les méthodes d'enseignement**

Les programmes et les méthodes pédagogiques n'ont pas vraiment varié à l'école élémentaire depuis le début du Moyen Age. Les objectifs essentiels sont toujours d'apprendre à lire, à écrire et à compter. L'étude de la grammaire latine reste prioritaire. Au XIIe siècle, Jean de Beauvais rédige une grammaire mnémotechnique qu'il appelle « livre des pauvres » et qui est utilisée par les enfants dès qu'ils savent lire. Les auteurs latins sont inscrits au programme dès le plus jeune âge des enfants. L'enseignement fondamental commence le plus souvent par les auteurs latins : Virgile, Martial, Sénèque, Ovide ou Cicéron. Les distiques de Caton sont mémorisés avant d'aborder l'enseignement secondaire *(trivium* et *quadrivium)*.

La méthode essentielle de l'enseignement, à tous les niveaux, reste alors la *lectio* (lecture), qui n'a pas connu de réelle évolution depuis l'Antiquité. L'élève connaît un livre par la lecture à haute voix. L'enfant écoute le maître qui lit le livre chapitre par chapitre. Chaque élève doit rendre compte de ce qu'il a entendu la veille au cours de la leçon. Les recettes mnémotechniques sont toujours utilisées par les maîtres et les élèves.

Le grec n'est plus enseigné au XIIe siècle. Néanmoins, on utilise encore des glossaires, véritables dictionnaires gréco-latins. La transcription des lettres est souvent mal faite.

Le franciscain Roger Bacon rédige deux grammaires : l'une en grec, l'autre en hébreu. Mais malgré les efforts des maîtres, les langues étrangères : hébreu, arabe, chaldéen et grec sont peu connues.

La rareté des livres freine la diffusion des connaissances. Les livres restent des objets précieux. Ils sont consultés sur place dans les bibliothèques. Pour les protéger, on les enchaîne. La minuscule gothique calligraphiée est alors de plus en plus utilisée. Elle est plus facile à écrire que la caroline à l'aide d'une plume. Le calame (roseau servant à écrire) est peu à peu abandonné. Le format des livres diminue pour qu'ils soient plus faciles à transporter. Malgré tous les progrès réalisés, la culture reste le privilège de l'élite.

Les études à l'école sont réglementées par un calendrier précis. Depuis 1231, Grégoire IX a ordonné que les vacances ne dépasseront pas un mois. Cependant les enfants, comme tous les élèves, disposent de plusieurs jours de repos à Noël, à Pâques, les jours de fête et les dimanches. Il reste environ cent quarante jours ouvrables divisés en deux parties : le grand ordinaire de la Saint-Denis (9 octobre) à Pâques, et le petit ordinaire, de Pâques à juin. Le rythme de travail n'a guère varié depuis l'Antiquité.

Chapitre V

UNE NOUVELLE ÉCOLE (XIVe-XVe SIÈCLES)

Les petites écoles et les collèges se généralisent au cours des XIVe et XVe siècles. Les enfants entre 6 et 8 ans suivent les leçons des écoles dirigées par les curés des villages ou les clercs des villes. Toutefois, parallèlement, les écoles des cathédrales et des collégiales restent actives. Ces écoles sont marquées par le mélange des âges et l'absence de gradation des programmes.

I. — La naissance des petites écoles

Les petites écoles et les collèges recevaient des élèves de tous âges. A Paris, au collège de l'Ave Maria, en 1339, les élèves les plus jeunes ont 8 à 9 ans. Dans la majorité des cas, ils ont 9 à 12 ans. Ainsi, on entre à l'école assez tard. Aux XIIe et XIIIe siècles, après l'école élémentaire qui se termine à 13 ou 14 ans, les élèves suivent un cycle long universitaire jusqu'à 20 ans. Plus tard, à la fin du Moyen Age, le cycle des études se raccourcit et se termine autour de 15 ans. En fait, le Moyen Age ignore la correspondance des âges aux études. Il est très rare que l'on trouve des références à l'âge des écoliers.

Le maître se contente fréquemment d'une salle modeste *(schola)* à un prix réglementé pour recevoir ses élèves. A Paris, ces écoles se regroupent dans une même rue, la rue du Fouarre *(vicus straminis)*. Les élèves s'assoient sur le sol recouvert de paille ou sur quelques rares bancs. Dans la même salle, on rencontre des élèves de 10 à 20 ans et plus. Dès le XIIe siècle, Robert de Salisbury note qu'il reçoit dans son école des hommes d'âge divers : *pueros, adolescentes, juvenes, senes.*

Le besoin d'instruction à l'usage exclusif des laïcs favorise la création des petites écoles. Les autorités municipales rencontrent parfois des difficultés pour recruter des enseignants. Ainsi, à Lyon, les consuls engagent un maître originaire de Dijon vers 1402. De même, à Aix-en-Provence, le maître vient de l'extérieur. Il est payé à la fois par les magistrats municipaux et par les élèves. A Reims, au XIVe siècle, chaque paroisse a sa petite école, y compris la plus modeste, comme celle de Saint-Nicaise. Elle ne doit pas recevoir plus de 15 enfants. Il y a aussi deux maîtresses qui scolarisent les filles.

Pierre Desportes souligne dans ses travaux que 12 % au moins de la population de Reims ont reçu la tonsure ; or, pour l'obtenir, il faut savoir lire. Le pourcentage est encore plus important dans les bourgs ruraux (30 %). Ainsi, l'instruction élémentaire paraît bien assurée. Cependant, de nombreux laïcs ou clercs ne connaissent pas le latin. A Reims, les petites écoles enseignent en français.

II. — L'école de Carpentras

En Provence et dans le Comtat-Venaissin, des écoles sont créées, dans la deuxième moitié du XIVe siècle, dans plusieurs petites villes comme Brignoles ou Sisteron, mais aussi à Aix-en-Provence et à Marseille.

L'école de Carpentras, présentée par Michel Rouche dans l'*Histoire générale de l'Enseignement et de l'Éducation en France,* permet d'avoir une idée assez précise de l'organisation matérielle et pédagogique d'une petite école à la fin du Moyen Age.

Le maître est rétribué par les parents qui versent chaque année une somme convenue à l'avance. En 1399, la municipalité prend en charge le loyer de la maison où il enseigne et où il loge. La nourriture des pensionnaires est essentiellement composée de pain, de légumes secs, de viandes et de poissons salés, de fromage, d'huile et de vin. Pétrarque fut l'élève de cette école au XIVe siècle, de 1312 à 1316.

Dans cette école de grammaire, l'alphabétisation reste la priorité. Les élèves abordent ensuite l'étude de la grammaire et l'analyse logique. Ils utilisent les manuels de grammaire d'Evrard de Béthune et d'Alexandre de Villedieu, les distiques de Caton et des ouvrages de logique. La petite école est donc à la fois une école élémentaire assurant l'apprentissage de la lecture et de l'écriture et un enseignement secondaire abordant une partie du *trivium*. L'instruction religieuse est assurée par une personne désignée par l'évêque.

Les méthodes pédagogiques sont encore brutales. Le samedi, le maître fait un bilan du travail effectué au cours de la semaine. Il applique des coups de fouet aux élèves qui se sont distingués par leur désobéissance. Les élèves de Carpentras savent encore correctement le latin alors que ceux de Reims, au XIVe siècle, suivent déjà un enseignement en français.

III. — L'alphabétisation du nord du royaume

La scolarisation des enfants au nord de la Loire progresse rapidement au XIVe siècle. Une culture en langue d'oïl apparaît. A l'exception de quelques écoles, l'enseignement est donné en français notamment dans la région de Reims et en Normandie où les villages les plus modestes possèdent une petite école. Certes, à Paris, en 1380, une assemblée des écoles élémentaires ne réunit que 41 maîtres et 22 maîtresses pour une ville de près de 200 000 habitants. Mais en Franche-Comté, chaque paroisse possède une petite école.

Dans le collège de l'Ave Maria, à Paris, fondé par Jean de Hubant en 1339 sur la montagne Sainte-Geneviève, six jeunes garçons pauvres du Nivernais, et âgés de 6 à 16 ans sont accueillis. Ici, les principes pédagogiques sont souples. L'on cherche à encourager l'enfant et à mettre en évidence les résultats positifs qu'il obtient au lieu de faire appel quotidiennement aux punitions et aux sanctions.

L'enseignement a d'abord pour objectif d'apprendre à lire et à écrire. Mais les élèves doivent aussi connaître trois prières essentielles : le *Credo,* le *Pater* et l'*Ave Maria.* Un alphabet est attaché à la ceinture de chaque enfant ainsi qu'un livre de prières. Dès qu'il a acquis une première maîtrise du latin, l'élève étudie le psautier, livre réunissant les 150 psaumes de David, puis aborde l'enseignement de la grammaire. Les *Distiques* de Caton et les fables d'Avienus sont toujours proposés aux élèves. Parmi les autres manuels les plus usuels, on trouve la *Massa computi,* traduite en français, qui facilite l'apprentissage du calcul. La petite école et le collège apprennent enfin à écrire une lettre privée ou officielle.

Les petites écoles et les collèges qui reçoivent des élèves de tous âges progressent rapidement aux XIVe et XVe siècles aux dépens de l'Université. L'alphabétisation reste cependant plus forte dans le nord de la France que dans le sud.

IV. — L'enseignement en français

Le nationalisme du XIVe siècle s'exprime dans une langue commune. Les différentes populations du royaume tendent désormais à utiliser un langage commun devant lequel reculent les dialectes locaux. Certes, on désigne encore le sud de la France par l'expression *Patria lingue occitane.* Mais, même dans ce pays de langue d'oc, le français de Paris, de plus en plus employé dans les actes de la chancellerie royale et utilisé pour la rédaction des communes, gagne chaque jour du terrain, puisqu'il est le langage qui fait foi dans les actes publics. Aussi peut-on s'étonner du contraste qu'offre la Bretagne dont les habitants qui sont sujets du roi, parlent, selon le Héraut Berry, « un langaige que nul que eulx n'entant, s'il ne l'aprant ».

Le français est désormais utilisé dans les petites écoles et les collèges. Michel Rouche souligne, dans le premier tome de l'*Histoire générale de l'enseignement et de l'éducation* en France, que, dans les petites écoles de Reims au XIVe siècle, de nombreux laïcs et clercs rémois ne savent pas le latin, contrairement aux écoliers de Carpentras.

Le Concile de Tours (813) consacre déjà l'existence d'une nouvelle langue, différente du latin et recommande l'utilisation de la « langue courante » à la place du latin que les fidèles ne comprennent plus. Les *Serments de Strasbourg* (14 février 842) nous offrent le premier texte utilisant la nouvelle langue, Louis le Germanique jurant en roman alors que Charles le Chauve le fait en germanique.

Dès le XIe siècle, l'on peut observer la présence dominante de trois langues régionales : la langue d'oïl, la langue d'oc, désignées d'après la manière de dire « oui » et le franco-espagnol. L'accession au trône des Capétiens, seigneurs de l'Ile-de-France en 987 étend l'emploi progressif du français. Hugues Capet est le premier roi qui ignore le germanique.

Aux XIVe et XVe siècles, avec la conquête du sud de la France, on assiste à une progression générale du français aux dépens des autres dialectes d'oïl et de la langue d'oc. Le français commence à être utilisé parallèlement au latin dans les ordonnances et les actes de la chancellerie royale. Au XIVe siècle, peu d'auteurs connus écrivent encore dans un dialecte régional. Le Picard Froissart écrit ainsi en français en introduisant dans ses textes un certain nombre de mots du dialecte picard.

Le Moyen français ne cesse de progresser à la fin du Moyen Age. Pendant la Renaissance, l'usage du français s'affirme contre la mode de l'italien et la prééminence du latin.

V. — Les nouvelles relations de la femme et de l'enfant

L'attitude envers le nourrisson évolue profondément. Les parents, et notamment les femmes, acceptent mal la mort des enfants en bas âge. Les soins donnés aux nourrissons sont désormais plus importants. Les manuels d'éducation accordent une place privilégiée à l'enfance et au rôle primordial de la mère. Les curés, dans chaque paroisse, rappellent quelques principes essentiels de moralité et d'hygiène.

Gerson présente un tableau assez sombre de l'éducation donnée par les familles. Il dénonce l'attitude inconsciente des parents. Il conseille d'abord aux femmes d'allaiter leurs enfants bien que cet acte soit alors considéré comme une preuve de pauvreté et de régression sociale. Il recommande un lit par enfant selon la coutume des Flandres. Les parents, dit-il, doivent faire respecter une stricte discipline dans la vie quotidienne. Mais il recommande cependant de n'utiliser les verges qu'avec modération. En revanche, il est prescrit d'éviter le laxisme en rappelant l'adage « Cheval qu'on n'a pas dressé devient intraitable ; l'enfant laissé à lui-même n'en fait qu'à sa tête ».

Dans l'ensemble, les conceptions éducatives de cette époque varient entre le respect des passions et leur brutale répression. Les filles sont l'objet d'une attention toute particulière. La mixité est sévèrement interdite dans les écoles, et dans chaque foyer, garçons et filles ont une éducation différente ; ils ne partagent pas les mêmes jeux. Les éducateurs recommandent aux parents d'éviter de présenter aux enfants des spectacles cruels qui pourraient marquer leur mémoire. De même, l'on s'efforce de faire respecter dans la famille quelques principes simples de moralité.

Les relations entre les parents et les enfants évoluent donc à la fin du Moyen Age. Les mères suivent de plus près l'éducation des enfants en bas âge. Il est admis désormais que l'enfant est à la fois un être faible et noble. Cette noblesse pour l'Église et de nombreux parents provient du fait que Jésus s'est incarné dans un enfant.

VI. — **Les jeux et les sports**

Les jeux et les sports occupent une place importante dans la vie quotidienne de la jeunesse à la fin du Moyen Age. Froissart, dans ses *Chroniques,* évoque les jeux les plus pratiqués par les enfants. On joue alors

« aux barres, à l'agnelet, à l'esteuf, aux reculées, au mulet, au chasse-lièvre ».

Le jeu de barre est un jeu de plein air où deux équipes placées chacune dans un camp essaient de se capturer mutuellement des joueurs. L'esteuf, fabriqué avec des poils d'animaux ou de lambeaux de vêtements recouverts de peaux de mouton, se pousse à la main. Très jeunes, les enfants apprennent à jouer à la paume, surtout dans les villes. Les balles sont faites de pelotes de ficelles recouvertes de drap blanc. On y joue dans les rues à main nue. A la fin du XVe siècle, le filet et la raquette apparaissent. La courte paume se joue dans des édifices appelés « tripots » parce que les joueurs bondissent *(tripent)* en poursuivant la balle. Les joueurs crient, avant de jouer : *Tenets* (vous tenez) ce qui conduit les Anglais à l'adopter sous le nom de tennis. Bien qu'interdite par Charles V et le prévôt de Paris en 1397 pendant les jours ouvrables parce qu'elle détourne les artisans et le petit peuple du travail quotidien, la paume connaît un succès grandissant. Elle a une valeur éducative pour les enfants qui la pratiquent. Elle contraint le joueur au respect de règles précises.

La soule (choulle ou cholle en Artois et en Picardie) est en revanche un jeu peu réglementé. On y joue partout dans le royaume, notamment dans les campagnes. Chaque camp doit faire pénétrer un ballon, en bois ou en cuir, rempli de foin ou de mousse, dans le camp adverse. Les joueurs frappent le ballon à coups de pied ou de poing. Le jeu, ancêtre du rugby, est violent ; il se termine néanmoins très souvent par une ronde que dansent les joueurs jeunes ou moins jeunes.

La crosse est pratiquée en toute saison. On y joue l'hiver sur les rivières ou les lacs gelés. Elle est l'ancêtre du hockey sur glace. La crosse donne naissance au mail, jeu où l'on pousse une boule à l'aide d'une masse de bois, ferrée, munie d'un manche. Appelé aussi pile mail, ce jeu est lui-même à l'origine du croquet.

Les jeux de détente deviennent fréquents au XVe siècle. Les enfants adorent les jeux de balles pratiqués surtout par les garçons. La balle est parfois lancée en l'air à l'aide d'une courte raquette. Ce jeu annonce le badminton moderne. Parfois, le jeu de balle rappelle étrangement le cricket. Un joueur présente une balle sur la pointe des doigts à un coéquipier qui la frappe à l'aide d'une batte et l'envoie en l'air. Celui-ci doit faire le tour du terrain avant que les joueurs de l'équipe adverse ne rattrapent la balle.

Les jeux de dés, de billes, de quilles ou le palet ont aussi un grand succès. De même, les jeux de lancer sont appréciés, notamment dans les campagnes. On y lance bâtons (ancêtres du javelot) et pierres.

Les enfants jouent aussi à la fronde, chassent les oiseaux, tendent des pièges dans les prairies et les bois lorsqu'ils vivent à la campagne. Les filles bercent leur poupée de chiffons. La jeunesse de la fin du Moyen Age montre énergie et enthousiasme malgré les difficultés d'une période de grande détresse, de fléaux et de désastres où sévit la peste noire (1348) et où le royaume est ravagé par les guerres et les exactions des gens d'armes.

VII. — **La diffusion de l'imprimerie**

L'imprimerie existait déjà en Chine sous la dynastie des Tang (618-907). On y imprimait des livres de magie et des manuels scolaires. La découverte dans les grottes du Dunhuang d'un exemplaire du *Soutra du diamant* imprimé en 868 fit connaître le nom de Nang Jié, l'un des premiers imprimeurs de l'histoire de l'humanité. En 1041, le Chinois Bi Sheng fabrique des caractères mobiles en argile durcis par la cuisson. Sous la dynastie des Song (960-1279), l'imprimerie chinoise est active. On y publie en l'an 1000 une histoire des empereurs chinois. Les invasions mongoles et les relations entre les Khans et l'Europe facilitent l'introduction des techniques chinoises d'imprimerie en Occident.

Vers 1455, à Mayence, Gutenberg imprime la *Biblia sacra latina* appelée aussi Bible à 42 lignes (par page). C'est la première édition latine de la Bible en caractères mobiles. Le procédé de fonte des caractères d'imprimerie inventé par Gutenberg nous semble aujourd'hui très simple. Il s'agit d'une boîte rectangulaire à charnière ouverte aux deux extrémités. Une des extrémités est fermée par une matrice, lame de métal plate portant, gravée par un poinçon métallique, l'empreinte d'une lettre. Le métal fondu est versé par l'autre extrémité de la boîte. En refroidissant, il prend la forme du relief de la lettre. Il ne reste plus alors qu'à récupérer la « barrette » typographique. En répétant l'opération, il est possible de produire autant de caractères interchangeables et identiques qu'il est nécessaire. Il restait à Gutenberg à inventer une presse pour maintenir ensemble tous les caractères de métal. Il fallait en outre une encre qui adhère uniformément aux caractères métalliques.

Les techniques mises au point par Gutenberg permettent de réaliser l'alliage du plomb, du zinc, de l'antimoine et du bismuth. L'on peut ainsi fondre plus de 100 caractères en une heure, tous identiques et interchangeables. Les caractères romains, perfectionnés par le graveur Nicolas Jenson (1420-1480), imprimeur à Venise, reprennent la minuscule caroline. Les caractères dits italiques, créés par l'imprimeur vénitien Alde Manuce (1149-1515), reprennent la minuscule humanistique utilisée par la chancellerie pontificale. Claude Garamond (1499-1561) donne aux caractères romains et italiques une telle perfection qu'ils se répandent dans toute l'Europe.

La *Légende dorée,* histoire merveilleuse de la vie des saints par Jacques de Voragine est le premier livre imprimé en français. Il sort de l'atelier de Barthélemy Buyer, imprimeur à Lyon, le

14 avril 1476. Le premier ouvrage imprimé en France, en latin, est sorti à Paris en 1470.

Dès la fin du XVe siècle, une quarantaine d'années après les débuts de l'imprimerie en Europe, l'on estime que 237 centres possèdent des presses. 15 à 20 millions d'ouvrages sont diffusés. Le succès du livre imprimé est immédiat. Une véritable mutation culturelle est réalisée. Au XVe siècle, les premiers textes imprimés sont des éditions de la Bible, des livres liturgiques (psautiers et missels) ou des grammaires latines élémentaires appelées « Donat », du nom du grammairien classique du IVe siècle après Jésus-Christ. Les livres imprimés contribuent à répandre la littérature de l'Antiquité. Le choix des caractères évolue. L'imprimerie cesse d'imiter les écritures manuelles des copistes médiévaux. Les caractères romains l'emportent bientôt définitivement.

Jusque-là, le livre consistait en un manuscrit patiemment recopié en un nombre restreint d'exemplaires. Il était destiné à une élite. Rapidement, on passe à une production de masse avec l'imprimerie. La liste des ouvrages imprimés avant 1500, appelés « incunables » (d'un mot latin signifiant « berceau »), comporte plus de 10 000 titres représentant 15 à 20 millions de volumes dont 15 % environ sortis des presses françaises. C'est déjà beaucoup plus en cinquante ans que ce qu'avaient copié tous les scribes du Moyen Age. Or, au cours du XVIe siècle, ce chiffre est encore multiplié par dix ou douze.

Le livre devient un objet de large consommation qu'utilisent de plus en plus fréquemment les enfants de l'école élémentaire.

Chapitre VI

LES ÉCOLES DE L'ANCIEN RÉGIME (XVIe-XVIIIe SIÈCLE)

Au début du XVIe siècle, l'enseignement élémentaire est encore confié à un nombre limité d'écoles, héritières des petites écoles épiscopales ou monastiques de la fin du Moyen Age. L'imprimerie provoque un besoin d'alphabétisation qui ouvre une ère nouvelle. Par ailleurs, la religion réformée encourage la lecture personnelle de la Bible. Dès 1524, Luther adresse un appel pressant depuis l'Allemagne : « Il nous faut en tous lieux des écoles pour nos filles et nos garçons afin que l'homme devienne capable d'exercer convenablement sa profession et la femme de diriger son ménage et d'élever chrétiennement ses enfants. » Calvin, de son côté, publie en 1541 le *Formulaire d'instruire les enfants en la chrétienté,* premier manuel de catéchisme destiné à être appris par cœur par les enfants. Au cours du XVIIe siècle, l'œuvre scolaire de la Contre-Réforme encourage la création d'un réseau d'écoles urbaines de Charité. Jean-Baptiste de La Salle et les Frères des écoles chrétiennes contribuent fortement au développement de l'enseignement élémentaire. Le pouvoir royal confie à l'Église, aux villes et aux communautés rurales l'enseignement primaire. Louis XIV, pour lutter contre la Réforme, rend obligatoire l'école catholique par la Déclaration royale du 13 décembre 1698. Un grand débat s'instaure au XVIIIe siècle sur la nécessité d'instruire le peuple. Voltaire et Rousseau jugent l'instruction du peuple inutile alors que Diderot et Turgot sont les défenseurs de l'enseignement primaire pour tous. Malgré toutes les difficultés rencontrées, le régent de village est devenu un personnage familier à la veille de la Révolution de 1789. Mais les progrès de l'alphabétisation restent limités. A la fin de l'Ancien Régime, 37 % des Français seulement sont assez instruits pour signer leur acte de mariage contre 21 % un siècle plus tôt.

I. — L'explosion du livre et les humanistes

Au Moyen Age, on appelle *humaniores litterae* les connaissances profanes telles qu'elles sont apprises dans les facultés des Arts (notre actuel enseignement du Second degré). Elles se distinguent ainsi des *diviniores litterae* (lettres divines) qui sont les commentaires de la Bible, science de la religion chrétienne. Cette expression de « lettres humaines » est employée au XVIe siècle (Rabelais ; Amyot) pour souligner la différence entre la culture sacrée et un enseignement non religieux. Le retour aux textes classiques est considéré désormais comme un complément nécessaire pour les études de théologie. Rabelais évoque dans son *Pantagruel* (IX *bis*) les « lettres d'humanité » (littératures grecque et latine) qu'il recommande comme instruments de « docte érudition ». Le terme « humaniste », peu utilisé en France au XVIe siècle, désigne tous ceux qui sont nourris des « lettres d'humanité ».

L'école primaire, bien que moins concernée que l'Université ou les collèges, est influencée indirectement par cette évolution des mentalités. La longue période qui s'étend de la chute de l'Empire romain (Ve siècle après Jésus-Christ) à la fin du Moyen

Age (fin du XVe siècle) est considérée comme une période de barbarie. Ainsi appelle-t-on « gothiques », c'est-à-dire barbares, les monuments du Moyen Age. La civilisation, pense-t-on, avait été détruite par les invasions germaniques et était maintenant en train de renaître de ses ruines. Gargantua évoque le triste temps de sa jeunesse et salue l'apparition d'une ère nouvelle : « Le temps était encore ténébreux et sentant l'infélicité et calamité des Goths qui avaient mis à destruction toute bonne littérature. Mais, par bonté divine, la lumière et dignité a été de mon âge rendue ès lettres. »

Nous savons aujourd'hui que cette image est inexacte. Il suffit de regarder les cathédrales du Moyen Age pour nous convaincre que cette période n'est pas barbare. Nous savons, en outre, que les hommes du XVIe siècle n'ont pas abandonné les traditions des siècles précédents. Il n'y a pas de rupture entre la civilisation du Moyen Age et celle de la Renaissance.

Le protestantisme favorise au même moment la diffusion du livre et l'apprentissage de la lecture. Luther, le premier, dès 1524, recommande la création en tout lieu d'écoles pour les filles et les garçons. L'édit de Nantes (1598) permet aux protestants d'ouvrir des écoles publiques. Bientôt les écoles protestantes sont tenues en suspicion avant d'être interdites par la Révocation de l'édit de Nantes (1685). Certaines d'entre elles subsistent sous la forme d'écoles clandestines ou buissonnières. En prescrivant l'obligation scolaire jusqu'à 14 ans (1698), le roi a en vue une conversion des enfants vivant dans les régions de religion réformée. La Contre-Réforme se préoccupe aussi très étroitement de l'instruction des enfants. L'école apparaît désormais comme le moyen le plus sûr pour lutter contre l'hérésie. Ainsi, au XVIIe siècle, l'œuvre scolaire de la Contre-Réforme fait naître un réseau d'écoles primaires urbaines de charité.

A Lyon, Charles Démia met en place des écoles élémentaires pour les pauvres. Après la mort de Louis XIV, le régent et Louis XV poursuivent à l'égard des protestants une politique scolaire répressive.

Au XVIIIe siècle, l'expulsion des Jésuites provoque un profond bouleversement. Cette mesure concerne toute la chrétienté et notamment la France, en 1762.

L'école primaire rurale, à la fin de l'Ancien Régime, reste souvent à l'écart des grands débats d'idées et est toujours très modeste. Le régent, recruté sous le contrôle de l'Église, a une culture très insuffisante. Il reste peu influencé, en règle générale, par la Renaissance et l'humanisme. En revanche, les livres, plus nombreux, pénètrent dans les villages. Souvent le colporteur qui diffuse dans les campagnes les abécédaires et les « heures » (livres de prières) contribue plus que tout autre à l'apprentissage de la lecture et permet à ceux qui ne fréquentent pas l'école d'avoir un accès à la lecture.

II. — Une révolution pédagogique

Lire, écrire et compter restent les seuls objectifs des petites écoles qui se distinguent ainsi des écoles latines et des collèges où l'on assure une formation intellectuelle plus complète. Contrairement aux méthodes pédagogiques actuelles, ces trois apprentissages fondamentaux ne sont pas simultanés mais successifs aux XVIe et XVIIe siècles. Les règlements des écoles le précisent nettement. Ainsi, comme le souligne Bernard Grosperrin, le règlement de Nancy en 1716 indique « qu'aucun élève n'écrira avant de savoir lire, que l'orthographe ne sera enseignée qu'aux bons écrivains et que l'arithmétique viendra après l'orthographe ». Ce n'est que plus tard, au XVIIIe siècle, que l'on commence à mettre en œuvre un apprentissage simultané de la lecture, de l'écriture et du calcul. Ainsi, l'abbé Sébastien Cherrier, dans ses *Méthodes nouvelles* publiées en 1755, recommande d'effectuer en même temps l'apprentissage de la lecture et de l'écriture. Cette pratique reste peu fréquente pendant l'Ancien Régime. Il s'agit néanmoins d'une véritable révolution pédagogique.

L'apprentissage de la lecture reste l'activité essentielle des élèves des petites écoles et, dans de nombreux cas, la seule. La majorité des enfants dans les campagnes ne peuvent parvenir à la maîtrise de l'écriture. Très souvent le maître se révèle incapable d'apprendre à écrire à ses élèves, sa formation étant insuffisante. La petite école reste avant tout une école de lecture.

La lecture a été longtemps enseignée par une méthode individuelle. Le maître s'occupe d'un seul élève à la fois, notamment dans les petites écoles à faible effectif ou dans les cours que les curés donnent à quelques enfants de sa paroisse. L'iconographie nous montre fréquemment des scènes où le maître explique individuellement une leçon à un seul élève, ainsi dans les célèbres gravures d'Abraham Bosse.

Mais avec la multiplication des petites écoles et la présence d'effectifs sans cesse plus importants, la méthode simultanée finit par s'imposer. C'est une nouvelle révolution pédagogique décisive. Les élèves disposent désormais du même livre et, ainsi que le préconise Charles Démia pour les écoles de Lyon en 1688, les élèves sont répartis en groupes ou « bandes » de même niveau dirigés par un moniteur choisi dans le groupe du niveau immédiatement supérieur. Si aucun enfant ne parvient à lire la lettre ou le mot proposé par le maître, le moniteur le lit et le fait répéter plusieurs fois. Chaque élève doit lire dès que le maître en donne le signal à l'aide d'un coup de cloche ou d'une baguette.

Un grand débat s'instaure au XVIIe siècle. Faut-il enseigner à lire en français ou en latin ? Les partisans du latin restent nettement majoritaires. Il est plus facile, selon eux, d'apprendre à lire en latin, car chaque lettre correspond à un son. De nombreux enfants parlant, hors de l'école, des dialectes régionaux, il paraît plus efficace d'utiliser la langue universelle du latin comprise dans tous les pays d'Europe. Par ailleurs, la langue vulgaire préconisée par les Réformés est utilisée dans les écoles protestantes et refusée pour cette seule raison par les catholiques les plus intransigeants. Ceux-ci font valoir que l'apprentissage de la lecture allant de pair avec celui des prières et des cantiques de la messe, il semble plus judicieux d'adopter la langue de l'Église. Malgré ces arguments, La Salle et les Frères des écoles chrétiennes se font les ardents défenseurs du français parlé par la majorité des enfants dans les villes.

Toutefois, si l'utilisation du français se répand dans l'apprentissage de la lecture et de l'écriture, la langue française ne supplante pas vraiment le latin, surtout dans les écoles de garçons. Le français est plus fréquemment utilisé dans les écoles de filles. Mais à la fin de l'Ancien Régime, la diffusion du français dans les petites écoles élémentaires accroît le fossé qui les sépare des collèges où le latin l'emporte nettement jusqu'à la fin du XVIIIe siècle.

III. — **Les petites écoles et la prépondérance de l'Église**

Pendant l'Ancien Régime, l'école élémentaire reste le plus souvent soumise à l'influence de l'Église. En fait, la petite école de type ecclésiastique ou paroissial domine dans la France du Nord alors que l'école communale dirigée par les laïcs l'emporte dans la France du Sud.

Au nord de la Loire, les écoles sont placées sous l'autorité d'un ecclésiastique appartenant dans de nombreux cas au chapitre de la cathédrale. Ainsi, à Orléans ou à Amiens, c'est l'écolâtre qui surveille les maîtres d'école du diocèse et dirige l'école rattachée à l'église cathédrale. A Paris et à Autun, c'est le chantre dignitaire dirigeant le chant dans le chapitre de la cathédrale qui a la responsabilité des écoles élémentaires. A Rouen, dans un règlement de 1520, l'évêque place les écoles sous l'autorité de l'official qui fait fonction de juge dans le conseil ecclésiastique constitué auprès de l'archevêque pour statuer sur les questions de discipline du diocèse. C'est désormais l'official qui accorde aux maîtres l'autorisation d'enseigner. Il est compétent également pour juger les conflits entre les enseignants.

Dans les villes, les petites écoles sous influence ecclésiastique sont nombreuses. Dans les campagnes, l'on n'en trouve pas dans toutes les paroisses. Ici, la désignation du maître appartient au seigneur, ecclésiastique ou parfois laïc, qui nomme le curé. Le statut ecclésiastique des écoles est nettement établi en Lorraine où les maîtres sont payés par une partie de la dîme. En Normandie, le traitement du maître est pris en charge en grande partie par la fabrique, c'est-à-dire par les paroissiens qui assurent la gestion du culte paroissial et par les familles des écoliers. Les écoles bénéficient parfois d'un don du seigneur, du curé ou d'une fondation pieuse.

Malgré cette prépondérance, il y a parfois des conflits à l'intérieur même de l'Église. Ainsi, au XVIe siècle, dans le pays de Caux, à Londinières, les paroissiens et leur curé revendiquent le droit de désigner leur maître d'école et refusent de se soumettre aux choix des chanoines de la cathédrale de Rouen.

Quoi qu'il en soit, l'école élémentaire constitue pour l'Église un enjeu essentiel. L'âge de 7 ans est en effet considéré comme l'âge de raison ou de « discrétion » où un enfant se trouve en mesure de distinguer le bien et le mal. C'est à partir du milieu du XVIIe siècle que la plupart des catéchismes diocésains fixent à 7 ans l'âge de raison.

Les protestants insistent également sur la nécessité d'acquérir les éléments fondamentaux de la connaissance. Apprendre à lire, à écrire et à compter devient une priorité. Il est requis, écrit Calvin dès 1537 dans les *Articles* qu'il présente au Conseil à Genève, que « les enfants dès leur plus jeune âge soient tellement instruits qu'ils puissent rendre raison à la foi ». L'Église catholique a tenté un moment de censurer les livres et les traductions françaises de la Bible pour lutter contre la Réforme. Mais, bientôt, l'Église change de stratégie ; elle préfère encourager, en le contrôlant, l'enseignement élémentaire. L'école élémentaire reste un enjeu majeur au XVIe siècle dans l'antagonisme des réformes religieuses. Les autorités ecclésiastiques catholiques préconisent désormais une fréquentation scolaire régulière. Ainsi, le chapitre de Troyes précise : « Le curé persuadera les parents d'envoyer leurs enfants à l'école. » Les Réformés sont tous également d'ardents partisans de la scolarisation. Pour eux, l'alphabétisation est nécessaire puisque la foi ne peut se nourrir que de la lecture de la Bible. Ils créent donc leurs propres écoles qu'ils défendent avec énergie lorsqu'elles sont menacées.

Dans le sud de la France, l'influence de l'Église sur l'école élémentaire est plus faible. Ainsi, en Provence, Michel Vovelle souligne que « l'enseignement élémentaire est affaire municipale ». C'est dans les assemblées et les conseils municipaux que l'on décide des affaires scolaires ; c'est là aussi que l'on définit les missions des enseignants et que l'on choisit les maîtres d'école. Ainsi, les délibérations du Buis-les-Baronnies précisent que le maître une fois choisi, les conseils signent avec lui « le bail des écoles » devant notaire.

IV. — **Les régents des écoles**

Clercs et laïcs ont la responsabilité de l'enseignement primaire élémentaire. Dans les campagnes de l'Ile-de-France, leur nombre se partage à peu près également alors qu'en Provence les laïcs l'emportent nettement. En Normandie et en Savoie, en revanche, les clercs sont les plus nombreux. La préférence donnée aux clercs peut s'expliquer par les prestations que donne le clerc en dehors de l'école, notamment à l'église (administration des sacrements). L'on rencontre un nombre important de vicaires-régents en Savoie. Les jeunes prêtres qui ne peuvent prétendre à un bénéfice curial acceptent volontiers une charge de maître d'école avant d'obtenir une cure. Les maîtres laïcs devaient, au minimum, maîtriser la lecture, et éventuellement, l'écriture et le calcul. Le jeune homme, qui ne pouvait hériter d'une exploitation agricole ou d'un commerce artisanal, acceptait volontiers de devenir régent d'école ; cela lui assurait un niveau de vie modeste mais décent. Le maître, très souvent, avait acquis les compétences nécessaires pour enseigner dans sa famille auprès de ses parents ou du curé de la paroisse. Il y avait de véritables dynasties de maîtres d'école où l'on se succédait de père en fils ou d'oncle à neveu. L'absence de retraite incitait les maîtres à rester en fonction le plus longtemps possible. Dans la majorité des cas, le recrutement des maîtres était local.

Dans les écoles paroissiales, les maîtres sont fréquemment des clercs. On leur demande à la fois d'enseigner, de chanter à l'église, d'aider le curé pour les offices, de sonner les cloches et de faire le catéchisme. Dans les paroisses les plus modestes, c'est souvent le curé qui enseigne. Enfin, dans les écoles protestantes, les maîtres sont, dans la plupart des cas, des diacres qui exercent un véritable ministère d'Église.

Quand les maîtres d'école sont des laïcs, l'on souhaite qu'ils soient mariés. Cela permet de confier à la femme du régent l'école des filles alors que celui-ci garde la responsabilité de l'école des garçons. Mais, en fait, la plupart des maîtres laïcs sont célibataires.

Il n'existe aucune formation des maîtres. Il s'agit fréquemment dans les villes de jeunes étudiants qui enseignent un an ou deux avant de poursuivre leurs études. Ce sont des « bacheliers » qui sont chargés d'enseigner les premiers rudiments aux jeunes enfants.

Le traitement des maîtres est variable, mais reste le plus souvent faible. Dans le bail de l'école de Courthézon, en 1570, le maître reçoit de la communauté des gages de sept écus pour l'année (18 livres tournois environ). Il dispose d'une maison pour logement et pour école. Il est nourri toute l'année par les habitants les plus aisés. Il reçoit enfin une petite somme de chaque élève. Il peut s'y ajouter d'autres ressources qui proviennent des fonctions liturgiques. Dans les petites villes du Comtat Venaissin et d'Avignon, les régents reçoivent environ 30 à 50 écus, mais ils doivent rétribuer un bachelier pour les aider dans leur enseignement.

Toutefois, le maître d'école reçoit moins de la communauté que le prédicateur de carême dont l'activité est limitée à six ou sept semaines. Un instituteur se situe, pour son traitement, à mi-chemin entre un curé de paroisse et son vicaire.

V. — La vie quotidienne des écoles

Dans la plupart des paroisses rurales, la salle de classe est installée dans le logement du maître. Dans 10 % seulement des paroisses du diocèse de Reims, l'école possède un local spécifique pour recevoir les élèves, notamment lorsqu'un legs est intervenu. Une gravure de J.-J. de Boissieu (1780) nous montre une salle de classe où les élèves sont assis autour d'une table dans un angle de la salle alors que le maître interroge l'un des enfants. En revanche, l'école bourguignonne évoquée par Restif de La Bretonne dans la *Vie de mon père* (éd. de 1788) est plus confortable. Le maître est assis derrière un bureau alors que les élèves sont sur les deux côtés de la salle. Les garçons disposent d'une grande table ; les filles assises sur un banc écoutent attentivement le maître mais n'ont ni table ni papier pour écrire.

Dans quelques paroisses, on peut rencontrer des écoles confortables construites selon un plan type. Alix de Rohan-Chabot décrit ainsi l'architecture d'écoles construites en Lorraine au XVIIIe siècle. Le bâtiment a « une longueur de 45 à 50 pieds (14,50 à 16,20 m) sur 25 à 30 pieds de largeur (8 à 10 m) et 14 à 16 pieds de hauteur (4,50 à 5 m) ». Il doit être « bien éclairé par de larges fenêtres ». Les murs sont construits en « moellons, liés par un mélange d'un tiers de chaux par deux tiers de sable ».

Parfois, cependant, l'école reste précaire et inconfortable, installée dans une grange ou sous un porche d'une église.

L'organisation de la classe varie selon les régions et

le confort des écoles. Dans les écoles chrétiennes urbaines, elle obéit à des règles précises. Les élèves qui apprennent à écrire doivent être assis à une large table, alors que ceux qui apprennent à lire sans écrire sont assis sur de simples bancs et ne disposent d'aucune table. Les maîtres s'efforcent de plus de séparer les riches des pauvres, car « les pauvres sont ordinairement pleins de vermine et de saleté en leurs habits aussi bien qu'en leurs paroles ».

Les élèves utilisent quelques manuels présentant l'alphabet, un psautier et un catéchisme. L'on recommande de prévoir aussi *L'abrégé des vies des saints* de Bonnefond, l'*Instruction de la jeunesse* de Gobinet.

Jacques de Batencour dans l'*École paroissiale* indique qu'à Paris, dans les petites écoles payantes, les salles de classe ont un réel confort. Le chauffage est assuré pendant l'hiver. Mais chaque élève doit apporter en venant à l'école une « bûchette » à brûler dans la cheminée. Si les enfants sont trop jeunes, les parents fournissent à l'école un lot de bûches en réserve dès le début de l'hiver.

Les effectifs des écoles sont le plus souvent très importants. Lorsque les Frères des écoles chrétiennes s'installent à Moulins en 1711, ils prévoient des bancs pour « 150 élèves de la classe où on lit » et d'autres bancs pour la classe où l'on écrit. Ici, 50 élèves écriront le matin et 50 le soir. L'on installe donc 50 bancs (commodes à écrire) avec 25 écritoires carrées. Chaque écritoire doit servir à deux écoliers pour prendre de l'encre. Dans chaque salle de classe, le maître doit tenir un « catalogue » ou registre des élèves percé de trous pour marquer à l'aide de chevilles de bois, les absences pendant les six jours de la semaine.

Dans l'ensemble des « petites écoles », une sévère discipline est imposée aux élèves. Elle paraît nécessaire compte tenu des effectifs pléthoriques qui dépassaient souvent la centaine. L'entrée en classe des élèves est ainsi strictement réglementée dans les écoles Tabourin du faubourg Saint-Antoine à Paris. Les élèves doivent entrer « modestement, l'un après l'autre sans se presser ». Ils doivent « prendre de l'eau bénite avec respect et religion en entrant » et se mettre à genoux devant le crucifix « l'espace d'un *Pater* et d'un *Ave* ».

L'autorité du maître s'étend également hors de l'école. Parmi les motifs de punition énumérés par les règlements des écoles de Moulins, en 1711, figurent ainsi le fait de se défendre dans la rue en se battant avec d'autres élèves alors que l'on doit s'éloigner rapidement pour éviter coups et blessures, et le fait de courir ou de badiner avec les filles.

C'est à partir des XVe et XVIe siècles que la punition corporelle s'est imposée dans les écoles. Les verges deviennent l'insigne du maître d'école. Jusqu'au XIVe siècle, les allusions aux corrections corporelles sont rares. A partir du XVe siècle, le fouet prend un caractère avilissant et brutal ; il est fréquemment utilisé. Toutefois Gerson, chancelier de l'Université en 1398, indique que le maître peut contraindre les enfants par les verges mais ne doit pas utiliser « les férules ou autres moyens de frapper susceptibles de blesser dangereusement ».

VI. — Les contenus et les méthodes pédagogiques

Lire, écrire, compter restent les objectifs essentiels des « petites écoles ». Au cours des XVIe et XVIIe siècles, ces apprentissages sont successifs. Ce n'est qu'au XVIIIe siècle que théoriciens et praticiens de l'éducation commencent à préconiser, comme l'abbé Sébastien Cherrier dans ses *Méthodes nouvelles* publiées en 1755, l'apprentissage simultané de la lecture et de l'écriture.

On commence à apprendre à lire en latin. Le passage du latin au français se fait progressivement. A Lyon, Charles Demia ne le permet qu'aux élèves qui lisent déjà le latin par « phrases » et maîtrisent bien l'assemblage des lettres et des syllabes. Il précise la progression souhaitée pour l'apprentissage de la lecture. Dans la première classe, celle des débutants, le maître montre avec une baguette les lettres inscrites sur des cartes ou tables affichées au mur, soit sur une petite planche *(ais)* tenue à la main. La seconde classe comprend deux groupes ou bandes. Dans le premier, on lit les syllabes en épelant chaque lettre : D, O : DO ; M, I : MI, etc.). Dans le deuxième, on lit sans épeler « DO ; MI... Les élèves doivent rester un long moment à cette phase de lecture avant de lire des mots entiers. Les troisième et quatrième classes sont consacrées à la lecture de mots latins. Demia préconise d'aborder la lecture en français dans la cinquième classe. Dans les sixième et septième classes, on lit un manuel de civilité (morale et bonnes mœurs), puis des textes plus difficiles.

L'écriture n'intervient qu'aux derniers stades de l'apprentissage de la lecture. On commence par enseigner la ronde en huit étapes. Un mois est consacré à la maîtrise de la plume, au tracé de lignes droites ou courbes. Si les parents le désirent, on enseigne la bâtarde après dix mois de pratique de la ronde. L'apprentissage de l'écriture dans les « petites écoles » rencontre, en ville, l'hostilité des « maîtres-écrivains », corporation jalouse de son monopole d'écriture. A Lyon, ils font procéder à des contrôles par huissier chez les maîtres d'école avec saisie du matériel d'écriture. Les élèves écrivent avec des plumes d'oie, de cygne, de poule ou de corbeau. Il faut un canif pour les tailler. Les plumes de cuivre utilisées à Port-Royal sont rares.

Apprendre à compter reste le niveau ultime de l'enseignement élémentaire. *L'école paroissiale* (1654) de Jacques Batencour décrit les méthodes en usage pour apprendre à compter, à « chiffrer », à « jetter » ou « getter ». Ces verbes font référence à l'utilisation de jetons pour apprendre à compter. Les calculs élémentaires peuvent s'effectuer sans intervention de l'écriture. Mais on ne sait vraiment calculer que lorsque l'on passe du maniement des jetons au calcul écrit à l'aide des chiffres arabes. L'on apprend les quatre opérations, la règle de trois et la preuve par neuf.

VII. — Les innovations pédagogiques de Jean-Baptiste de La Salle

L'œuvre de Jean-Baptiste de La Salle marque profondément la vie scolaire du XVIIe siècle. Né à Reims en 1651, fils du conseiller du Présidial, il devient chanoine et se consacre à la scolarisation gratuite des pauvres. Il fonde l'Institut des Frères des écoles chrétiennes, constitué de religieux non clercs, à vœux simples, pour l'éducation chrétienne des enfants pauvres (1680-1682). Il l'installe à Paris en 1688 puis en province. Présents essentiellement dans les villes, les « Frères ingnorantins » sont implantés dans la moitié nord de la France, mais aussi dans la vallée du Rhône, le Dauphiné, la Provence et de Languedoc. En 1789, 760 Frères de l'Institut scolarisent près de 30 000 élèves dans 110 établissements.

Dans *La conduite des écoles chrétiennes* (1717), Jean-Baptiste de La Salle expose ses idées pédagogiques. Il donne la priorité à la langue française. L'apprentissage de la lecture et de l'écriture en latin est effectué plus tard lorsque le jeune enfant a déjà acquis la maîtrise du français. De plus, les Frères des écoles chrétiennes créent des classes de niveau où l'on utilise les mêmes livres, ce qui permet un enseignement simultané. Cette méthode simultanée, expérimentée dès le XVIe siècle, était utilisée dans l'est de la France où l'on distinguait dans les écoles de Pierre Fourier trois niveaux dans l'apprentissage de la lecture : celui de l'abécédaire, puis du livre imprimé et enfin le niveau supérieur. L'enseignement des Frères se révèle très efficace. Une réelle émulation est encouragée entre les élèves. Le maître utilise des signaux sonores pour diriger les exercices des différentes leçons.

Jean-Baptiste de La Salle accorde une attention particulière à la formation des maîtres. Il admet quelques laïcs dans ses séminaires de maîtres d'école qui préfigurent les futures écoles normales.

L'implantation des écoles des Frères des écoles chrétiennes est parfois difficile. A Abbeville, par exemple, les Frères se heurtent à la résistance des maîtres des écoles payantes et des maîtres-écrivains qui les accusent de leur faire une concurrence déloyale en acceptant des élèves dont les parents sont capables de payer des droits de scolarité.

VIII. — Quelle instruction pour les filles ?

L'interdiction de recevoir dans une même classe des garçons et des filles est soulignée dans de nombreux mandements épiscopaux et règlements. La volonté d'éviter aux enfants des petites écoles, en séparant les sexes, toute occasion d'éprouver des sentiments répréhensibles, est permanente au cours des XVIIe et XVIIIe siècles. A Paris, un article du *Règlement des petites écoles* (1659) supprime toutes les autorisations de mixité qui avaient été accordées antérieurement. De même, l'écolâtre du diocèse d'Amiens interdit, en 1676, la coexistence de classes, pourtant séparées, de filles et de garçons dans le même bâtiment. Certains prélats vont plus loin encore dans leurs directives en interdisant, comme l'archevêque de Besançon, Joseph de Grammont, en 1705, d'« enseigner les jeunes filles ». Il est vrai que Bernardin de Saint-Pierre, l'auteur de *Paul et Virginie* (1788), à la veille de la Révolution de 1789, exclut les filles de son projet « d'école de la patrie ». Pour lui, les filles doivent être instruites par leurs maris.

En fait, dès le XVIIe siècle, les congrégations féminines se préoccupent de l'éducation des jeunes filles et ouvrent des écoles gratuites pour les pauvres. Les Ursulines ont ainsi pour objectif essentiel « l'instruction des petites filles ». Elles rencontrent un succès important. Dès 1620, elles possèdent 65 couvents et près de 300 en 1789. Les Visitandines fondées en 1610 par François de Sales et Jeanne de Chantal scolarisent également les filles ainsi que la congrégation Notre-Dame créée à la fin du XVIe siècle dans l'est de la France par Pierre Fourier, les sœurs de Saint-Vincent-de-Paul ou les sœurs de l'Enfant-Jésus dont l'ordre est fondé à Rouen par Nicolas Barré en 1670. Lorsque les écoles de filles et de garçons coexistent, il est souvent recommandé comme à Provins en 1735 de faire sortir les filles un quart d'heure avant les garçons. Il en est de même dans la petite ville de Samoëns en Savoie quand l'ouverture d'une école de filles est autorisée en 1766.

Les mœurs évoluent lentement. Molière dans *Les Femmes savantes* (1672) résume parfaitement la conception traditionnelle de l'éducation des filles lorsqu'il fait déclarer à Clitandre : « Les femmes docteurs ne sont pas de mon goût. » Mais Mme de Maintenon, elle-même, fonde, dès 1686, un pensionnat pour jeunes filles à Saint-Cyr où l'on admet 250 filles de gentilshommes pauvres dès l'âge de 7 ans. La première classe est consacrée à l'apprentissage des rudiments.

Mme Roland, dans ses *Mémoires* rédigés en prison en 1793, évoque ses souvenirs d'enfance et son éducation. Elle refuse toute subordination des filles et apparaît comme une ardente féministe.

Dans les villages ruraux à la fin du XVIIIe siècle, les écoles de filles sont encore rares. Mais l'on peut percevoir une nette évolution dans certains diocèses comme celui de Rouen où les sœurs d'Ernemont ouvrent en moins d'un siècle une centaine d'écoles rurales enseignant aux filles « les principes de la religion », la lecture, l'écriture et l'arithmétique.

IX. — **Les frontières de l'alphabétisation. France du Nord et France du Sud**

Parmi les cinq disciplines enseignées dans les petites écoles (lecture, écriture, calcul, catéchisme, civilité), seule l'écriture permet une évaluation relativement fiable du taux d'alphabétisation en France pendant les Temps modernes (XVIe, XVIIe et XVIIIe siècles). L'on peut en effet comptabiliser dans chaque province du royaume les signatures des contrats de mariage et des testaments.

Il faut néanmoins souligner que ces actes ne concernent pas toute la population et laissent donc subsister une grande marge d'incertitude. De plus, l'on doit observer qu'il est possible de réaliser une signature apprise par cœur pour une circonstance importante (mariage) sans être capable par ailleurs d'écrire un texte spontanément et correctement.

Ces réserves faites, l'enquête réalisée en 1877 par Louis Maggiolo, recteur de l'Académie de Nancy, dans 78 départements, permet de mettre en lumière dans une première approche globale l'opposition de deux France de part et d'autre d'une ligne allant de Saint-Malo à Annecy : la France du Nord où l'alphabétisation est importante et la France du Sud où celle-ci est beaucoup plus faible. Cette enquête, portant notamment sur deux périodes (1686-1690 ; 1786-1790), est confirmée par les résultats des travaux plus récents de François Furet et de Jacques Ozouf, surtout lorsqu'il s'agit des écoles rurales.

Il faut cependant relativiser cette opposition de deux France en prenant en compte trois facteurs qui sont souvent déterminants : domicile rural ou urbain, niveau social et sexe. Partout, l'on peut noter que le taux d'alphabétisation est plus élevé dans les villes que dans les campagnes. A Paris, Pierre Chaunu indique, pour la période de 1750 à 1800, 91 % des hommes et 80 % des femmes sachant signer leur testament alors que, dans la deuxième moitié du XVIe siècle, ces taux étaient respectivement de 52,5 % pour les hommes et de 28,2 % pour les femmes. On peut donc observer une importante évolution de l'alphabétisation à Paris pendant les Temps modernes. A Rennes, Jean Queniard estime qu'à la fin du XVIIe siècle les hommes signent à 46 % les actes de mariage, les femmes, à 32 %.

A Aix-en-Provence, selon Michel Vovelle, 34 % des hommes et 13 % des femmes seulement savent signer à la fin du XVIIe siècle. Cette faiblesse de l'alphabétisation dans le sud de la France reste difficile à expliquer, surtout si l'on se souvient de la place importante accordée par les protestants à l'enseignement élémentaire et de l'action conduite par Louis XIV à partir de 1669 pour lutter contre l'influence des protestants en instituant une véritable école élémentaire catholique et obligatoire pour tous. La Déclaration royale du 13 décembre 1698 avait en effet posé le principe d'une obligation scolaire sous l'égide de l'État et du contrôle de l'Église catholique.

X. — **Les philosophes des Lumières et l'instruction élémentaire**

Les philosophes des Lumières ne manifestent pas toujours un réel enthousiasme pour l'instruction du peuple. A La Chalotais, procureur général au Parlement de Bretagne, qui dans son *Essai d'éducation nationale* (1763) indique que « le bien de la société demande que les connaissances du peuple ne s'étendent pas plus loin que ses occupations », Voltaire répond : « Je vous remercie de proscrire l'étude chez les laboureurs. » Trois ans plus tard, il confirme cette hostilité à l'instruction des enfants du peuple : « Il me paraît essentiel, écrit-il, qu'il y ait des gueux ignorants... Ce n'est pas le manœuvre qu'il faut instruire, c'est le bon bourgeois. » Rousseau lui-même qui ne veut pas éloigner l'homme de la nature écrit dans *La Nouvelle Héloïse* (1761) : « N'instruisez pas l'enfant du villageois car il ne lui convient pas d'être instruit. » Le programme éducatif présenté dans *L'Émile* (1762) ne semble s'adresser qu'aux enfants de la bourgeoisie.

En revanche, Diderot, dans ses entretiens avec Catherine II, se révèle un défenseur convaincu de l'instruction du peuple. Pour lui, « un paysan qui sait lire et écrire est plus malaisé à opprimer qu'un autre ». De même, Montesquieu souhaite que le « Petit peuple soit éclairé ». Mais c'est le courant physiocratique qui se montre le plus constant dans la défense de l'instruction du petit peuple. Du Pont de Nemours, dans son *Mémoire sur les municipalités,* insiste sur la nécessité de former tous les citoyens. Il promet au roi que, dans « dix ans d'ici, sa nation ne serait pas reconnaissable » si « l'instruction universelle » est organisée dans le royaume. Turgot, dans une lettre adressée à l'abbé Millot en 1761, souhaite que l'on rédige un manuel à l'usage des écoles élémentaires qui serait un « Catéchisme de morale et de raison ». « Ce n'est pas à vous, dit-il, qu'il faut prouver qu'un paysan a les mêmes organes qu'un homme né dans une ville. » Le président Rolland d'Erceville dans le plan de réforme de l'enseignement qu'il présente au Parlement en 1768 s'exprime sans ambiguïté : « La science de lire et d'écrire qui est la clé de toutes les autres sciences doit être universellement répandue. »

Toutefois l'hostilité manifeste contre l'éducation du peuple se retrouve dans de nombreux ouvrages pédagogiques. Louis Philipon de la Madelaine, dans ses *Vues patriotiques sur l'éducation du peuple tant des villes que des campagnes* (1783), écrit : « Je le dis hardiment : il n'y aura jamais de bonne éducation pour le peuple si l'on ne commence à faire disparaître du milieu des bourgs et des campagnes ces recteurs d'école qui dépeuplent également nos champs et nos ateliers. » A l'époque des Lumières, nombreux sont ceux qui craignent que les livres ne corrompent le peuple, notamment les intendants qui détiennent le pouvoir dans les provinces. Ainsi, l'intendant de Guyenne souligne en 1760 : « Je suis bien éloigné de penser qu'il faille multiplier dans les bourgs et les villages les maîtres d'école qui ne produisent souvent d'autre effet que de faire des paysans des demi-savants. » Cette opinion se retrouve souvent chez les intendants éclairés comme d'Étigny à Auch. Des Conseils de ville se trouvent ainsi encouragés comme à Apt, dans le comté de Provence, en 1784, à supprimer la subvention aux Frères des écoles chrétiennes en prétextant que « les écoles gratuites tendent à enlever à l'agriculture un grand nombre de bras. »

En fait, le bas clergé reste le plus souvent le meilleur défenseur de l'éducation du peuple, comme le souligne une lettre des curés de Vézelay à leur évêque en 1769 : « Il n'est pas possible de former de vrais adorateurs de Dieu, de fidèles sujets du roi, de bons citoyens sans le secours de l'instruction. » Pour le clergé cependant, l'enseignement pastoral doit l'emporter sur l'instruction proprement dite. De plus, il n'est pas rare de trouver des prêtres comme le curé F. L. Reguis qui sont franchement hostiles à toute instruction. « Tout ce qu'il y a de plus simple, de plus innocent, de plus chrétien, ne sait ni lire ni écrire », écrit-il en 1773.

Bien que les écoles élémentaires soient au fil des années de plus en plus nombreuses, leur création n'est pas toujours perçue comme une priorité. Elle ne figure pas parmi les principales doléances populaires en 1789.

Chapitre VII

DES PROJETS RÉVOLUTIONNAIRES AU MONOPOLE NAPOLÉONIEN (1789-1815)

Les Révolutionnaires désirent transformer profondément la société française ; ils accordent une attention toute particulière à l'enseignement élémentaire. L'objectif prioritaire est de libérer le citoyen, tout particulièrement par l'éducation. Cependant, lorsqu'on analyse les cahiers de doléances des états généraux, il apparaît clairement que les Français à la veille de la Révolution de 1789 envisagent moins une transformation radicale du système éducatif qu'un aménagement des écoles de l'Ancien Régime. Le tiers état réclame la participation des autorités civiles au contrôle des institutions scolaires. Les principes de l'obligation et de la gratuité scolaires sont évoqués dans quelques cahiers de doléances, mais l'on ne perçoit pas une volonté de généraliser l'instruction publique.

I. — La Révolution française et l'éducation

Les Révolutionnaires manifestent très rapidement un grand intérêt pour l'éducation des enfants. Ils souhaitent créer l'unité de la nouvelle société autour des grands principes révolutionnaires : Liberté, Égalité, Fraternité qui doivent être au centre même de l'éducation. La volonté de rompre avec l'éducation de l'Ancien Régime suscite la conception et la diffusion de nombreux plans de réforme du système éducatif. Toutefois, le modèle de l'éducation, dans les plans de réforme présentés par les Révolutionnaires, n'est plus seulement celui de l'Antiquité classique. Sparte est plus volontiers la référence de ceux qui veulent former des citoyens vertueux. Désormais, l'on rejette l'autorité de l'Église. La Raison doit seule guider ceux qui ont la responsabilité d'enseigner. La Révolution veut à la fois donner à chacun l'accès au savoir et assurer son bonheur. Les Révolutionnaires ont donc l'ambition de développer très tôt les connaissances de l'enfant mais aussi de lui faire acquérir les vertus civiques républicaines. En quelques années, de 1792 à 1795, les débats autour de l'éducation se multiplient. Pour certains, comme Daunou, l'État ne doit prendre en charge que l'instruction primaire et l'instruction professionnelle. La liberté de l'éducation doit être, selon eux, préservée dans l'enseignement secondaire. Partout se retrouve cependant la volonté de faire triompher la République et l'égalité des citoyens.

II. — La survie des « petites écoles »

La Révolution française a décidé la fermeture des couvents et des établissements religieux. Toutefois, les écoles élémentaires, villageoises ou urbaines ne disparaissent pas. Les maîtres d'école restent en place.

En fait, le pouvoir central révolutionnaire manifeste peu d'intérêt envers les « petites écoles » qui restent sous la surveillance de l'Église. L'école élémentaire est toujours, dans la majorité des paroisses, dirigée par des congrégations, des ordres religieux, des particuliers ou des communautés locales. Malgré les décisions de principe des assemblées révolutionnaires, les prêtres, les religieux ou les religieuses restent en place. Après l'interdiction du culte, de nombreux religieux trouvent dans l'enseignement élémentaire un moyen de survivre dans une société en pleine mutation. Il faut d'ailleurs souligner que la majorité des Révolutionnaires sont favorables à la liberté de l'enseignement. Les régents laïques, prêtres constitutionnels ou réfractaires, profitent de la possibilité de se soumettre à la République offerte par la loi du 7 Vendémiaire an IV, pour ouvrir des établissements d'enseignement. M. Gontard évoque dans son ouvrage *L'enseignement primaire* le témoignage d'un curé de Seine-et-Oise qui déclare : « J'ai chaque jour de la semaine cinquante à soixante enfants à instruire le matin et le soir. »

La Constitution du 3 septembre 1791 proclame qu'il « sera créé une instruction publique commune à tous les citoyens, gratuite à l'égard des parties d'enseignement indispensables pour tous les hommes ». De même, les décrets de septembre et décembre 1789 avaient transféré aux pouvoirs civils « la surveillance de l'éducation publique et de l'enseignement politique et moral ». Mais le décret du 2 novembre 1789 prévoit que les biens des établissements tenus par les corporations enseignantes ne sont pas mis à la disposition de la nation comme c'est le cas par ailleurs pour l'ensemble des biens du clergé. Avant de se séparer, la Constituante décrète le 26 septembre 1791 que « tous les établissements d'instruction et d'éducation existant à présent dans le royaume continueront d'exister sous le régime actuel et suivant les mêmes lois qui les régissent ». Si les congrégations sont interdites, leur membres ont toujours l'autorisation d'enseigner à titre individuel.

III. — Les plans Talleyrand (1791), Condorcet (1792), Le Peletier de Saint-Fargeau (1793) et Lakanal (1794)

Le plan présenté par Talleyrand (1754-1838) le 10 septembre 1791, au moment où la Constituante va se séparer, reprend les idées essentielles des Encyclopédistes. Le but ultime de l'éducation des enfants reste à ses yeux d'apprendre à vivre heureux et d'acquérir les savoir-faire utiles pour la vie quotidienne. Talleyrand prévoit trois degrés dans le « système d'éducation » qu'il conçoit. Le premier degré concerne tous les enfants du royaume. Le second s'adresse à ceux qui recherchent l'acquisition d'une culture générale. Le troisième degré est organisé pour les élites : juristes, officiers, ministres du culte ou médecins. Le premier degré est assuré dans des écoles de canton (écoles primaires) ; le deuxième degré dans des écoles de district (anciens collèges). Le troisième degré est, quant à lui, dispensé dans des écoles départementales (anciennes facultés supérieures). L'ensemble du système éducatif est placé sous le contrôle d'un Institut national. L'administration de l'enseignement est assurée par une Commission générale de l'instruction publique dont les membres sont nommés par le roi. La liberté d'enseigner est reconnue à tous les citoyens. La gratuité est souhaitée pour les écoles primaires. Toutefois, Talleyrand n'envisage à aucun moment de proposer la laïcité et l'obligation scolaire. La religion est encore inscrite dans les programmes des écoles. Par ailleurs, l'éducation des filles n'est pas encore prise en compte. Talleyrand prévoit seulement un enseignement domestique et l'apprentissage de certains métiers dans des « couvents laïques ».

L'Assemblée législative ne donne pas suite au projet Talleyrand. La période girondine de la Législative est marquée par le plan de Condorcet (1741-1794) présenté le 20 avril 1792 devant l'Assemblée. Pour Condorcet, l'éducation doit avoir deux objectifs : développer les aptitudes individuelles et poursuivre le « perfectionnement de l'espèce humaine ». L'illustre mathématicien fonde tout le système éducatif sur la liberté et la raison : « Former d'abord la raison, instruire à n'écouter qu'elle, tel est le principe sur lequel l'instruction publique doit être combinée. » Condorcet prévoit cinq catégories d'établissements scolaires : écoles primaires, écoles secondaires, instituts, lycées, Société nationale des sciences et des arts. L'école primaire doit assurer la formation civique et pratique des enfants. Les sexes sont égaux devant l'instruction. L'école publique doit être laïque et gratuite ; elle affrontera la concurrence privée. Le programme prévu est ambitieux : lecture, écriture, arithmétique, grammaire, arpentage, leçons de choses, et morale, substituée à la religion. Comme Talleyrand, Condorcet ne retient pas le principe de l'obligation scolaire. Ce plan ambitieux et novateur à bien des égards ne sera pas mis en application.

Après la chute du parti girondin, l'acte constitutionnel du 24 juin 1793 précise que « la société doit mettre l'instruction publique à la portée de tous les citoyens ». Ce sont d'abord les députés modérés de la Convention qui présentent un plan le 26 juin 1793. Ils demandent la création d'écoles primaires gratuites. Mais le 3 juillet 1793 ce plan est écarté.

Robespierre présente le plan élaboré par Michel Le Peletier de Saint-Fargeau (1760-1793) devant la Convention le 13 juillet 1793. Ce plan prévoit pour tous les enfants « depuis l'âge de 5 ans jusqu'à 12 ans pour les garçons et jusqu'à 11 ans pour les filles » une éducation identique. Dans les maisons d'éducation nationale, le travail manuel est la base de l'instruction. Des sanctions sont prévues pour les élèves qui n'ont pas des résultats satisfaisants. Après l'âge de 12 ans, les élèves les plus doués poursuivent leur cursus scolaire par concours : écoles secondaires, instituts, lycées. Le plan de Michel Le Peletier de Saint-Fargeau met l'accent sur le degré élémentaire de l'instruction publique et prévoit l'obligation scolaire pour tous les enfants. Le plan est voté le

13 août 1793. Quelques projets moins ambitieux comme celui de Bouquier sont également examinés par la Convention. Le décret du 19 décembre 1793 affirme les principes de l'obligation scolaire et la liberté d'enseignement. Les maîtres comme ceux de l'école publique sont rétribués par l'État. Le décret est effectivement appliqué. Sur les 23 000 écoles primaires prévues, on n'en compte cependant que 7 000 environ qui correspondent aux directives de la Convention.

Après la chute de Robespierre, le nouveau Comité d'instruction publique confie à Lakanal le soin de préparer un nouveau plan pour remplacer les dispositions prévues par le décret du 19 décembre 1793. Ce projet est approuvé par un nouveau décret (17 novembre 1794) qui maintient les principes de la liberté d'enseignement et de la gratuité mais supprime l'obligation scolaire. Dans un autre rapport présenté à la Convention le 23 octobre 1794, Lakanal demande la création d'une École normale à Paris qui deviendra l'École normale supérieure et ouvrira ses portes le 20 janvier 1795.

IV. — La Constitution de l'an III (22 août 1795) et la législation Daunou

La Constitution de l'An III adoptée le 22 août 1795 présente un article rédigé par Daunou (1761-1840), oratorien, membre du clergé constitutionnel et député de la Convention qui concerne l'organisation de l'enseignement. Trois degrés sont prévus : les écoles primaires, les écoles supérieures aux écoles primaires (écoles centrales), l'Institut national. Un directeur de l'Instruction publique, subordonné au ministre de l'Intérieur, est placé à la tête des écoles.

Dans l'enseignement élémentaire, on observe une nette régression par rapport au décret de novembre 1794. Daunou supprime l'obligation scolaire et la gratuité, sauf pour les indigents. En revanche, la liberté de l'enseignement est maintenue.

La législation Lakanal-Daunou reste en vigueur de 1795 à 1802. Dans l'enseignement primaire, les écoles privées accueillent un nombre d'élèves de plus en plus important. Les disciplines enseignées sont réduites : lecture, écriture, calcul et éléments de morale républicaine. Le traitement des instituteurs n'est plus fixé. Leur compétence pédagogique est faible malgré la présence d'un « jury d'instruction » chargé de les évaluer. En fait, il devient de plus en plus difficile de recruter des instituteurs publics.

La division entre garçons et filles apparaît avec Thermidor. « Chaque école primaire sera divisée en deux sections, l'une pour les garçons, l'autre pour les filles ; en conséquence, il y aura un instituteur et une institutrice » (Décret Lakanal).

Le bilan par département, effectué après l'enquête prescrite par le ministre de l'Intérieur Chaptal en 1801, souligne la médiocrité de l'Instruction publique primaire. Dans le Pas-de-Calais, « la jeunesse est livrée à l'ignorance la plus profonde... la plupart des instituteurs primaires sont ineptes et incapables ». Dans la Côte d'Or, « on regrette les Frères de la doctrine chrétienne et les Ursulines ».

Le bilan de l'œuvre révolutionnaire dans le domaine de l'enseignement primaire reste négatif. Les moyens en argent et en hommes ont été largement insuffisants pour mettre en application des plans généreux et ambitieux. Les grandes idées révolutionnaires inspireront plus tard à la fin du XIXe siècle les fondateurs de l'école républicaine de la IIIe République.

V. — L'Université impériale et la loi du 10 mai 1806

L'Empire napoléonien accorde une importance moins prioritaire à l'enseignement primaire que la Révolution de 1789. Toutefois, l'empereur a le souci de contrôler de très près tous les établissements scolaires. La loi du 10 mai 1806 et le décret du 17 mars 1808 créent l'Université impériale.

La loi du 3 brumaire an IV (25 octobre 1795) reste néanmoins toujours appliquée pendant les trois premières années du Consulat dans le domaine de l'enseignement primaire. De nombreuses enquêtes y mettent en évidence un niveau faible. Le ministre de l'Intérieur Chaptal (1800-1804) propose en 1800 de laisser en vigueur le décret Lakanal du 17 novembre 1794. Mais bientôt le premier consul charge Fourcroy, directeur général de l'Instruction publique, de présenter un projet qui devient la loi du 1er mai 1802. Quatre types d'établissements scolaires sont alors créés : écoles primaires, écoles secondaires, lycées et écoles spéciales. Les dispositions de la loi Daunou sont maintenues. L'enseignement primaire n'est ni obligatoire ni gratuit. L'Empire encourage les Frères des écoles chrétiennes qui commencent à se réinstaller en France et à ouvrir des écoles primaires. A la fin de l'Empire, près de 50 communes possèdent une école des Frères ; Paris en compte 13.

La loi de 1802 crée deux types d'établissements scolaires : les collèges placés sous la responsabilité des communes ou de particuliers et les lycées dirigés par l'État. Désormais l'enseignement secondaire est nettement séparé de l'enseignement primaire. Les lycées reçoivent des élèves âgés de 9 ans au moins sachant lire et écrire.

La loi du 10 mai 1806 précise qu'il sera créé une Université impériale chargée de « l'enseignement et de l'éducation publics dans tout l'Empire ». Le décret du 17 mars 1808, complété par celui du 15 novembre 1811, organise l'Université impériale qui réunit sous l'autorité de l'empereur tous les établissements et les enseignants à l'exception des maîtres d'école.

L'école primaire n'est pas une priorité pour l'empereur. Elle est cependant étroitement surveillée. Toute ouverture d'école est soumise à une autorisation qui doit être enregistrée dans la mairie de la commune où se trouve l'école. Le Grand Maître de l'Université délivre un diplôme à tout nouvel enseignant. De nombreuses poursuites sont exercées, à partir de la fondation de l'Université, contre les institutrices et les instituteurs qui enseignent sans autorisation ; il y a de nombreuses dénonciations.

Fontanes (1757-1821) assure la charge de Grand Maître de l'Université de 1808 à 1815. Le territoire est divisé en académies (une académie pour chaque territoire de cour d'appel) dirigées par un recteur, représentant de l'État, assisté d'inspecteurs d'académie.

Le décret de 1808 prévoit la création de classes normales d'instituteurs dans les lycées et les collèges. En fait, une seule école normale est créée à Strasbourg en 1811 sous l'impulsion du préfet Lezay-Marnésia.

VI. — **Les débuts de l'enseignement mutuel pendant les Cent Jours**

Pendant la première Restauration des Bourbons (mai 1814 - mars 1815), les échanges entre la France et l'Angleterre s'intensifient. Les membres de la « Société d'encouragement pour l'industrie nationale » créée en 1801 s'intéressent au système éducatif anglais et notamment aux conceptions pédagogiques de deux Anglais, Bell et Lancaster, fondateurs de l'enseignement mutuel. Pendant les Cent Jours (mars 1815 - 22 juin 1815), ils arrivent à convaincre Lazare Carnot (1753-1823), le Grand Carnot, organisateur de la Victoire sous la Convention, alors ministre de l'Intérieur, de l'intérêt de l'enseignement mutuel. Par un décret du 27 avril 1815, Napoléon décide l'ouverture d'une classe d'essai à Paris et la création d'une commission compétente. Cette commission devient, le 17 juin 1815, à la veille de Waterloo, la Société pour l'instruction élémentaire. L'école d'essai fonctionne au faubourg Saint-Marceau sous la direction du pasteur Martin. L'enseignement mutuel prévoit la répartition des élèves par niveau, la désignation de moniteurs parmi les meilleurs élèves, le contrôle collectif et l'écriture sur le sable pour l'apprentissage de la lecture.

Chapitre VIII

DE L'ÉCOLE DE LA RESTAURATION A L'ÉCOLE DE VICTOR DURUY (1815-1870)

En 1815, au début de la Restauration, la France compte environ 20 000 écoles primaires. En 1829, on en recense déjà plus de 30 000. L'État veille à ce que l'instruction primaire soit fondée sur la religion et le respect de la monarchie. Il fixe cependant une compétence minimale pour les maîtres. Le maire et le curé sont chargés de la surveillance des écoles. Libéraux et conservateurs s'opposent ; les écoles mutuelles se développent rapidement mais se heurtent à la concurrence des Frères ignorantins. Quoi qu'il en soit, l'école reste encore payante sauf pour les indigents. Avec la loi Guizot du 28 juin 1833, l'État intervient dans l'organisation de l'enseignement élémentaire, mais la loi Falloux votée en mars 1850 renforce l'enseignement confessionnel des Congréganistes et des Sœurs. La politique libérale de Victor Duruy, ministre de l'Instruction publique de 1863 à 1869 pendant le Second Empire, ouvre une ère nouvelle. L'influence des Congréganistes est limitée ; la gratuité de l'école primaire se développe et l'on encourage l'ouverture des écoles de filles.

I. — La Restauration et l'école élémentaire. L'opposition entre ultras et libéraux

Les quinze années de la Restauration sont marquées par l'opposition entre les libéraux et les ultras, partisans d'un retour à l'Ancien Régime. La Commission d'Instruction publique (1815-1820) puis le Conseil royal de l'Instruction publique (1820-1822) dirigent tout le système éducatif.

L'un des obstacles majeurs qui freine le développement de l'enseignement primaire reste la faiblesse de la formation des instituteurs. Les libéraux, qui se méfient de toute surveillance trop étroite de l'État, ne manifestent aucun enthousiasme pour les Écoles normales. L'Église est également hostile à des établissements de formation où peut régner un esprit laïque. Toutefois, une circulaire du 19 août 1828 demande aux recteurs de favoriser la création de classes normales primaires ; 11 Écoles normales se créent sur le modèle de l'École normale de Strasbourg, dont 6 dans l'est de la France. L'ordonnance du 29 février 1816 a jeté les bases de l'enseignement public, mais l'instruction reste fondée sur les principes de la religion et de la morale. L'État qui, sous l'Empire, avait confié l'instruction primaire aux collectivités locales, place désormais l'enseignement élémentaire sous le contrôle des notables, du clergé, des préfets et des sous-préfets. Ce sont le maire et le curé qui délivrent à l'instituteur, libre ou communal, le certificat de bonne conduite nécessaire pour enseigner. L'école privée comme l'école publique est soumise à l'inspection des recteurs, des inspecteurs d'académie, des comités cantonaux et des surveillants spéciaux.

II. — Le conflit des mutuels et des ignorantins

Après la Terreur blanche (juillet-octobre 1815), Louis XVIII, sous l'influence des Alliés inquiets, fait dissoudre la chambre introuvable (5 septembre 1816). En décembre 1818, un ministère dominé par Decazes instaure un régime plus libéral. Celui-ci soutient les projets de la Société pour l'instruction élémentaire et favorise l'ouverture des écoles mutuelles. Les classes suivant l'enseignement mutuel peuvent compter plus d'une centaine d'élèves ; elles sont divisées en groupes de niveau variables selon les disciplines enseignées. Les exercices, gradués avec précision et méthode, sont effectués sous la conduite de moniteurs choisis parmi les meilleurs élèves. Le maître coordonne du haut de sa chaire l'ensemble des travaux des élèves par un système de signaux visuels ou sonores.

En 1820, il y a déjà plus de 1 500 écoles mutuelles en France, qui accueillent près de 170 000 élèves. Les Frères ignorantins supportent difficilement la concurrence des écoles mutuelles. Une véritable guerre scolaire oppose alors écoles mutuelles et écoles religieuses. Les libéraux soutiennent l'école mutuelle, alors que les ultras défendent l'influence de l'Église et l'école des Frères. L'arrivée au pouvoir des ultras en 1820 avec Richelieu, puis avec Villèle (1821-1828) affaiblit l'enseignement mutuel dont il ne reste plus que 250 écoles en 1828. Mais la Révolution de 1830 donne un nouvel élan aux écoles mutuelles (1 500 écoles mutuelles en 1832).

Le conflit des mutuels et des ignorantins est surtout sensible dans les villes. Dans les campagnes, la situation scolaire est proche de celle de l'Ancien Régime. En 1829, 14 000 communes n'ont pas d'école. Dans la majorité des villages, on ne trouve qu'une classe unique, mixte, organisée dans des locaux modestes. Les méthodes pédagogiques sont traditionnelles ; elles reposent essentiellement sur la méthode individuelle.

III. — **La loi Guizot (28 juin 1833)**

François Guizot, professeur d'histoire moderne à la Sorbonne depuis 1812, protestant originaire de Nîmes, est élu à la Chambre des députés en 1830. Théoricien du centre-droit pendant la monarchie de Juillet, il est ministre de l'Instruction publique à deux reprises (octobre 1832 - février 1836 ; septembre 1836 - avril 1837). La loi qu'il fait voter le 28 juin 1833 marque un tournant dans l'histoire de l'école primaire française.

Désormais, les communes de plus de 500 habitants doivent avoir une école primaire. Toutefois, les parents peuvent ne pas y envoyer leurs enfants. L'obligation scolaire n'est pas encore établie. En revanche, le sort des enseignants est nettement amélioré. Chaque département doit entretenir une École normale primaire ou bien s'associer à un ou plusieurs départements pour en assurer l'entretien. Les maîtres sont nommés par le ministre de l'Instruction publique. L'instituteur devient un fonctionnaire de l'État. Ce n'est plus l'évêque qui contrôle les instituteurs. Guizot crée dès 1835 un premier corps d'inspecteurs primaires nommés par le ministre.

L'instituteur doit posséder un brevet de capacité et un certificat de moralité délivré par le maire. Les enseignants restent encore soumis aux autorités locales. Nombreux sont ceux qui sont les assistants du curé.

En revanche, la décision de créer des Écoles normales de garçons est suivie d'un effet immédiat. En 1848, 74 départements français ont une École normale. L'élève maître doit contracter l'engagement de servir pendant dix années consécutives en qualité d'instituteurs. Les Écoles normales qui se multiplient font progresser la compétence pédagogique des maîtres.

La situation matérielle des instituteurs après le vote de la loi Guizot s'améliore progressivement. La loi impose aux communes l'achat ou la location d'une maison pour y installer l'école et y loger l'instituteur. Celui-ci reçoit un traitement minimum (200 F par an) assuré par la rétribution scolaire que les parents doivent verser au percepteur. Des caisses d'épargne et de prévoyance sont créées dans chaque département et alimentées par un prélèvement de 5 % sur le salaire. Les sommes épargnées reviennent à l'instituteur qui part à la retraite ou, en cas de décès, à sa veuve et à ses enfants. Ainsi les premières pensions de retraite des instituteurs voient le jour.

La loi du 28 juin 1833 reconnaît la liberté de l'enseignement. Elle distingue deux sortes d'instituteurs : les instituteurs communaux ou instituteurs publics et les instituteurs privés. Seuls les instituteurs publics sont logés et perçoivent un salaire communal.

Les instituteurs privés bénéficient d'une grande autonomie. Une simple autorisation du maire suffit pour ouvrir une école dans leur propre maison ou dans une salle louée dans le village.

IV. — **La création du corps des inspecteurs primaires (1835)**

Un mois après le vote de la loi du 28 juin 1833, Guizot demande aux recteurs des propositions pour mettre en œuvre une « inspection extraordinaire » des écoles primaires. L'État prend désormais l'enseignement primaire sous son contrôle direct. Près de 500 inspecteurs reçoivent du gouvernement une mission d'inspection. Dans le rapport de synthèse qu'il présente au roi, Guizot souligne sa volonté « d'imprimer à l'instruction primaire une impulsion nouvelle et féconde ».

Guizot doit faire preuve de prudence pour créer officiellement un corps d'inspecteurs des écoles primaires. Il ne faut pas heurter de front les députés libéraux de la Chambre qui y sont hostiles. En fait, c'est dans le cadre du vote du budget que Guizot fait inscrire les sommes destinées à rémunérer les premiers inspecteurs. La loi de finances est promulguée le 23 mai 1834. Dès le 9 novembre 1834, les six premiers inspecteurs sont nommés. En moins d'un an, tous les départements sont pourvus. Le 26 février 1836, Guizot fait signer au roi une ordonnance qui prévoit la nomination d'un inspecteur par département et fixe les conditions de recrutement (avoir enseigné cinq ans ou être membre d'un Comité de surveillance d'arrondissement). Le « Règlement relatif aux inspecteurs des écoles » du 27 février 1836 précise les missions des inspecteurs : observer l'état matériel des écoles, contrôler la moralité et la qualité pédagogique des enseignants. Comme il l'avait fait dans sa « Lettre aux instituteurs » du 16 juillet 1833, Guizot s'adresse, dès le 13 août 1835, par lettre circulaire, aux inspecteurs, pour souligner que « l'instruction primaire universelle est désormais une des garanties de l'ordre et de la stabilité sociale ». Il faut attendre néanmoins la loi Falloux du 15 mars 1850 pour que soit reconnue officiellement l'existence d'une inspection primaire d'État.

V. — La Constitution du 4 novembre 1848 et la liberté de l'enseignement

La Seconde République, malgré l'élaboration de nombreux projets, ne marque pas l'école primaire d'une empreinte républicaine durable.

Un projet de loi, présenté par le saint-simonien Hippolyte Carnot le 30 juin 1848, prévoit l'obligation scolaire pour les deux sexes et la gratuité des écoles publiques. Il engage les instituteurs à défendre la République dans leur action quotidienne.

La Constitution du 4 novembre 1848 retient les principes de l'obligation scolaire et la gratuité mais préserve la liberté de l'enseignement. Après les émeutes de juin 1848, une vague conservatrice déferle sur la France. Thiers souhaite confier l'ensemble de l'enseignement primaire au clergé pour neutraliser l'influence des « 37 000 enseignants socialistes et communistes, véritables anti-curés ».

A partir de janvier 1850, tout instituteur peut être révoqué par le préfet de son département. En quelques mois, 4 000 d'entre eux se voient ainsi contraints de quitter l'enseignement. Toutefois, le budget de l'Instruction primaire augmente. Le traitement de tous les enseignants des écoles primaires s'améliore sensiblement. Mais les institutrices reçoivent une rétribution plus faible car elles ne sont pas chefs de famille. La volonté existe cependant d'accorder aux filles une place égale à celle des garçons.

VI. — La loi Parieu (11 janvier 1850) et la loi Falloux (15 mars 1850)

Les libéraux sont effrayés par les progrès des idées révolutionnaires chez les instituteurs. Dès 1849, un groupe d'enseignants fonde l' « Association fraternelle des instituteurs, institutrices et professeurs socialistes ». La bourgeoisie se rapproche de l'Église et fait voter deux lois très conservatrices, la loi Parieu, du 11 janvier 1850, et la loi Falloux, du 15 mars 1850.

La loi Parieu ou « petite loi Falloux » donne aux préfets le droit de révoquer les instituteurs et les institutrices qui soutiennent les idées républicaines. La loi Falloux proclame la liberté de l'enseignement et accentue les prérogatives de l'Église. A côté des écoles publiques existent désormais des écoles privées créées par des associations ou des particuliers selon des critères très favorables aux membres du clergé catholique qui n'a pas obligation, pour enseigner, de présenter les mêmes diplômes que les instituteurs laïques. Une simple lettre d'obédience fournie par leur Supérieure tient lieu de diplôme de capacité aux sœurs. Les curés prennent part désormais à l'inspection des écoles primaires. Les Écoles normales sont placées sous haute surveillance ; les établissements privés peuvent être subventionnés par les communes, les départements ou l'État. En revanche, la loi Falloux prévoit que les communes de plus de 800 habitants devront ouvrir une école de filles si les ressources locales sont suffisantes. Le seuil est réduit à 500 pour l'ouverture d'une école de garçons. Un salaire minimal de 600 F est garanti aux instituteurs.

VII. — L'Empire autoritaire : les ministères Fortoul (1851-1856) et Rouland (1856-1863)

Pendant la période autoritaire du Second Empire, le ministère Fortoul (1851-1856) fait appliquer une politique répressive. Tous les fonctionnaires doivent jurer fidélité et obéissance à l'empereur. Les instituteurs sont placés sous l'autorité des préfets. Fortoul ramène à seize le nombre des académies. Une circulaire du 12 novembre 1852 interdit aux maîtres de porter la barbe. Les enseignants doivent désormais préparer leur cours d'une manière précise en inscrivant sur un cahier les sujets de leurs cours et l'intitulé des devoirs qu'ils donnent aux élèves. Une loi du 9 juin 1853 accorde le droit à une pension aux fonctionnaires à l'âge de 60 ans, mais les enseignants rétribués sur fonds départementaux et communaux en sont exclus. La qualité des enseignants progresse néanmoins. En 1861, une institutrice, Julie Daubié, est admise au baccalauréat à l'âge de 37 ans.

Rouland, successeur de Fortoul, améliore au cours de son ministère (1856-1863) la situation matérielle des instituteurs. Il prévoit l'organisation de l'enseignement élémentaire féminin.

VIII. — **Victor Duruy (1863-1869). L'enseignement primaire féminin et la gratuité de l'école primaire pour les pauvres**

Pendant l'Empire autoritaire, l'importance des congréganistes augmente dans l'enseignement primaire (15 à 21 % dans les écoles de garçons ; 44 à 45 % chez les filles). La scolarisation des filles s'accroît rapidement au fil des années. En 1865, elles représentent près de 50 % des 4,4 millions d'écoliers recensés en France.

Le gouvernement impérial décide de s'opposer à l'influence grandissante de l'Église hostile à sa politique italienne. Victor Duruy, ministre de l'Instruction publique de 1863 à 1869, fait voter la loi du 10 avril 1867 qui développe la gratuité de l'école primaire pour les pauvres, abaisse à 500 le nombre d'habitants des communes qui sont dans l'obligation d'ouvrir une école de filles et crée la caisse des écoles.

Désormais, les instituteurs laïcs ne peuvent plus être remplacés par les congréganistes dans les écoles publiques. Victor Duruy modifie également les programmes des écoles élémentaires en introduisant l'enseignement de l'histoire et de la géographie. Il encourage enfin la création de bibliothèques dans les écoles et les communes.

IX. — **La création de la Ligue de l'enseignement par Jean Macé (1866)**

La création de la Ligue de l'enseignement en 1866 par Jean Macé (1815-1894) contribue à développer un courant favorable à la gratuité, à l'obligation scolaire et à la laïcité. Elle prépare les futures grandes lois scolaires de 1880.

Les membres de la ligue s'engagent à ne servir les intérêts particuliers d'aucune opinion religieuse ou politique. Les trois premiers adhérents furent un sergent de ville, un cheminot et un tailleur de pierre. Jean Macé, né à Niort dans les Deux-Sèvres, avait déjà créé avec succès la « Société des bibliothèques communales » qui avait pour but de lutter contre la « Société des bons livres catholiques ». Cet ancien rédacteur à « La République » a voulu toute sa vie développer la diffusion de l'instruction dans les classes populaires. Très rapidement, la ligue rassemble plus de 4 000 adhérents. Elle est critiquée par de nombreux évêques qui la considère comme une initiative de la Franc-maçonnerie. L'Église combat avec vigueur l'action de la ligue qui devient le soutien le plus actif des républicains et des défenseurs de l'école publique, laïque et gratuite.

X. — **Octave Gréard et la division des écoles en trois cours**

Dès 1834, les statuts du Conseil royal de l'Instruction publique définis par Guizot préconisaient la répartition des élèves en trois divisions selon leur âge et leur niveau. Le règlement modèle des écoles primaires du 17 août 1851 exprimait la même idée. Dans les villes, cette organisation pédagogique s'imposa rapidement. En revanche, dans les écoles rurales, elle était souvent inapplicable.

En 1868, Octave Gréard, directeur de l'Instruction primaire de la Seine, généralise dans l'Académie de Paris la répartition des élèves en trois cours (élémentaire, moyen et supérieur) possédant chacun leur programme précis. Dans *Éducation et instruction : Enseignement primaire,* il précise : « Le développement intellectuel des enfants suit, dans les conditions ordinaires, une marche conforme au développement de leurs forces physiques. Pendant les six années qu'ils appartiennent communément à l'école, il comporte trois degrés : le premier de 6 à 8 ans, le deuxième de 8 à 10, le troisième de 10 à 12. Aux trois cours de l'école primaire l'enfant apprendra les mêmes choses, mais les apprendra différemment. Le cours élémentaire est un cours d'initiation. L'enfant y effectue l'apprentissage de la lecture et de l'écriture. Le cours moyen a pour but de constituer « le fonds des connaissances ». Il faut que, dans chaque domaine de connaissances, le cours moyen laisse « assez de terrain inexploré » pour le cours supérieur.

Chapitre IX

LA IIIe RÉPUBLIQUE : L'ÉCOLE LAÏQUE, GRATUITE ET OBLIGATOIRE (4 SEPTEMBRE 1870 - 10 JUILLET 1940)

Proclamée le 4 septembre 1870, mais définitivement instituée en 1875, la IIIe République n'est réellement dirigée par les Républicains eux-mêmes qu'à partir de 1879, date à laquelle Jules Grévy s'installe à l'Élysée. Les Républicains ne peuvent concevoir la démocratie et la République sans refonte du système éducatif. Les grandes lois Jules Ferry instituant la gratuité, l'obligation scolaire et la laïcité de l'enseignement primaire ouvrent une ère nouvelle. Les « hussards noirs » de la République contribuent à faire triompher la démocratie en France. Les grands principes de l'école laïque et républicaine ne seront plus contestés jusqu'à l'arrivée au pouvoir de Pétain et du régime de Vichy qui mettent fin à la IIIe République le 10 juillet 1940.

I. — La formation des maîtres. Les Écoles normales et la loi Paul Bert (1879)

La formation des maîtres fait l'objet d'une attention toute particulière des Républicains. Paul Bert (1833-

1886), docteur en médecine, docteur ès sciences naturelles, titulaire de la chaire de physiologie à la Sorbonne en remplacement de Claude Bernard, député de l'Yonne et président de la Commission de l'enseignement public à l'Assemblée, fait voter le 9 août 1879 une loi qui fait obligation aux départements de créer une École normale de jeunes filles par département avant trois ans. A cette date, il n'existe en France que 22 Écoles normales de filles ; en dix ans, 62 écoles seront ouvertes. Paul Bert, ministre de l'Instruction publique dans le cabinet Gambetta (novembre 1881 - janvier 1882), prépare l'adoption de la laïcité et de l'obligation scolaire.

La création de l'École normale supérieure primaire de Fontenay (filles) en 1880 et de celle de Saint-Cloud (garçons) en 1882 permet de former des professeurs d'écoles normales de grande qualité. Les normaliens sont accueillis en internat. La tenue est sévère. Les garçons portent l'uniforme de drap noir à palmes d'or, les filles des robes noires boutonnées jusqu'au cou. Les Écoles normales deviennent de véritables « séminaires laïques ».

Paul Bert apparaît comme l'un des adversaires les plus résolus des congrégations non autorisées, notamment des jésuites et des dominicains.

II. — **Les lois Jules Ferry. La gratuité de l'enseignement (16 juin 1881) ; la laïcité et l'obligation scolaire (28 mars 1882)**

Les grandes lois de Jules Ferry instituant la gratuité, l'obligation scolaire et la laïcité de l'enseignement primaire transforment profondément les conditions de scolarisation de tous les enfants, en ville comme à la campagne.

La loi du 16 juin 1881 rend tout d'abord l'école gratuite. La gratuité dont bénéficiaient près de 60 % des élèves des écoles primaires publiques est généralisée.

La loi du 28 mars 1882 instaure l'obligation scolaire pour les élèves de 6 à 13 ans et proclame la laïcité en retirant aux autorités religieuses le droit de contrôle prévu par la loi Falloux (1850). L'enseignement religieux ne peut désormais être donné dans les écoles publiques qu'en dehors des heures de classe. Dans sa lettre aux instituteurs du 27 novembre 1883, Jules Ferry précise ce qu'il faut entendre par laïcité ; « Vous n'avez à enseigner... rien qui ne soit familier à tous les honnêtes gens. Et, quand on vous parle de mission et d'apostolat, vous n'allez pas vous y méprendre : vous n'êtes point l'apôtre d'un nouvel évangile. Le législateur n'a voulu faire de vous ni un philosophe ni un théologien improvisé. Il ne vous demande rien qu'on ne puisse demander à tout homme de cœur et de sens : transmettre aux enfants avec les connaissances scolaires proprement dites les principes mêmes de la morale, cette bonne et antique morale que nous nous honorons de suivre... »

Il ne reste plus alors qu'à laïciser l'ensemble du personnel, ce qui sera fait par la loi du 30 octobre 1886 proposée par René Goblet, ministre de l'Instruction publique de 1885 à 1886 et à transférer au Trésor public le paiement des fonctionnaires par la loi du 9 juillet 1889.

III. — **Le patriotisme républicain et les bataillons scolaires (1882)**

A la gymnastique, rendue obligatoire dans les écoles de garçons par la loi du 27 janvier 1880, s'ajoutent pour les garçons les exercices militaires dont Talleyrand avait déjà posé le principe dans un rapport à l'Assemblée constituante en 1791. C'est la loi du 28 mars 1882 qui inscrit ces exercices dans les programmes obligatoires de l'école primaire. Mais ces instructions ne sont pas suivies dans toutes les écoles. Ce n'est souvent que dans les villes que les bataillons scolaires ont été organisés selon les modalités précisées par le décret du 6 juillet 1882. Quelques écoles de campagne ont cependant suivi ces instructions, et l'on peut encore retrouver dans les caves ou les greniers de plusieurs d'entre elles les fusils de bois utilisés pour les exercices du futur soldat qui apprend dès son plus jeune âge à devenir patriote républicain. L'article 19 de l'arrêté du 18 janvier 1887 précise : « Dans les communes où les bataillons scolaires sont constitués, les exercices de bataillon ne pourront avoir lieu que le jeudi et le dimanche ; le temps à y consacrer sera déterminé par l'instructeur militaire, de concert avec le directeur de l'école. »

IV. — **La situation du personnel**

La loi du 19 juillet 1875 répartit les instituteurs en quatre classes et les institutrices en trois classes. Les instituteurs reçoivent un traitement de 900, 1 000, 1 100 et 1 200 F ; les institutrices reçoivent seulement, pour chaque classe, 700, 800 et 900 F. Les institutrices et les instituteurs reçoivent en outre des allocations supplémentaires pour ceux qui sont classés en tête de liste de mérite. L'avancement s'effectue à l'ancienneté.

La loi du 19 juillet 1889 fait de l'instituteur un fonctionnaire public. Elle fonde l'avancement des instituteurs dans leur carrière professionnelle à la fois sur l'ancienneté et le mérite. Elle établit pour les instituteurs et les institutrices deux classes supérieures avec des traitements plus élevés où l'élite du personnel trouve, en fin de carrière, la récompense de ses mérites. La loi ajoute enfin aux traitements fixes des indemnités de résidence qui sont destinées à alléger les charges des enseignants nommés dans les villes. L'écart entre les traitements des instituteurs et ceux des institutrices diminue.

L'article 6 de la loi du 17 août 1876 précise les conditions de retraite des instituteurs et des institutrices, qui sont rangés désormais dans la catégorie du service actif. La pension de retraite est acquise à 55 ans et après vingt-cinq ans de services alors que dans les services civils, on exige 60 ans d'âge et trente ans de service. Les années passées à l'École normale, à partir de l'âge de 20 ans, sont comprises dans le compte des années de services. La pension de retraite ne peut être inférieure à 600 F pour les instituteurs et à 500 F pour les institutrices.

V. — Les programmes de 1882

La loi du 28 mars 1882 supprime toute distinction de matières facultatives et de matières obligatoires dans les programmes de l'enseignement primaire. Le programme commun aux écoles primaires de tout degré est précisé de la manière suivante :

— l'instruction morale et civique ;
— la lecture et l'écriture ;
— la langue et les éléments de la littérature française ;
— la géographie, particulièrement celle de la France ;
— l'histoire, particulièrement celle de la France jusqu'à nos jours ;
— quelques notions usuelles de droit et d'économie politique ;
— les éléments des sciences naturelles, physique et mathématiques ; leurs applications à l'agriculture, à l'hygiène, aux arts industriels ; travaux manuels et usage des outils des principaux métiers ;
— les éléments du dessin, du modelage et de la musique ;
— la gymnastique ;
— pour les garçons, les exercices militaires ;
— pour les filles, les travaux à l'aiguille.

Le décret organique du 18 janvier 1887 modifie quelques termes de la loi de 1882 et élimine notamment les éléments de la littérature française qui doivent être réservés aux Écoles normales ou aux écoles primaires supérieures.

V. — L'organisation pédagogique

Gabriel Compayré, recteur de l'Académie de Poitiers, expose longuement dans son ouvrage *Organisation pédagogique et législation des écoles primaires,* publié en 1892, la nécessité d'une organisation pédagogique rigoureuse dans les classes pour que le maître obtienne les meilleurs résultats. Les instructions ministérielles ne songent pas à emprisonner les maîtres dans un étroit formalisme. « L'école n'est pas une caserne », affirme Gabriel Compayré. Dans la tenue et la direction de leurs classes, les maîtres trouveront toujours l'occasion de faire preuve d'initiative et d'indépendance. Mais les responsables de la pédagogie pensent que l'enseignant « doit être conduit et guidé ». Le principe essentiel est l'organisation des écoles en plusieurs cours.

Dans les écoles de campagne à classe unique, il y a trois cours : le cours élémentaire, le cours moyen et le cours supérieur. Dans les écoles urbaines, « chaque enfant doit trouver son niveau dans une classe ». L'enfant qui entre à 6 ou 7 ans dans le cours élémentaire doit avoir reçu de deux à six ans à l'école maternelle un commencement d'initiation intellectuelle. Mais l'école maternelle n'existe pas partout. En 1887, on en compte seulement 5 882, publiques ou privées. La loi de 1886 et le décret du 18 janvier 1887 reconnaissent les classes enfantines, degré intermédiaire entre l'école maternelle et l'école primaire. Les enfants des deux sexes y sont admis de 4 à 7 ans, au plus.

Aux trois cours de l'école primaire, l'enfant apprend les mêmes choses, mais il les apprend différemment. Le cours élémentaire est un cours d'initiation ; le cours moyen a pour but de « constituer le fonds des connaissances ».

Les écoles à classe unique restent les plus nombreuses. En 1887, on en recense 47 001 sur l'ensemble de 61 547 écoles laïques. L'on dénombre seulement 981 écoles à six classes et plus. Près des deux tiers des écoles n'ont donc qu'un seul instituteur. Les directeurs d'écoles de plus de cinq classes peuvent être dispensés totalement ou partiellement d'enseignement. L'on demande aux adjoints « d'accepter avec déférence l'autorité du directeur et d'écouter ses avis avec reconnaissance ! »

VII. — **La vie scolaire**

Le règlement du 27 juillet 1882 et l'arrêté du 18 janvier 1887 prescrivent que, chaque année, un emploi du temps sera élaboré par le directeur de l'école. L'article 18 précise : « Au commencement de chaque année scolaire, le tableau de l'emploi du temps par jour et par heure est dressé par le directeur de l'école et, après approbation de l'inspecteur primaire, il est affiché dans les salles de classe. » Chaque séance doit être partagée en plusieurs exercices différents coupés par les récréations réglementaires. Le règlement scolaire de 1887 indique, dans son article 6, que les classes dureront trois heures le matin et trois heures le soir ; celle du matin commencera à 8 heures et celle de l'après-midi à 13 heures.

Pour assurer la préparation du travail journalier, l'administration exige dès 1871 la tenue obligatoire d'un journal de classe. L'obligation du journal de classe est cependant supprimée par l'arrêté du 14 octobre 1881. La tenue du journal de classe est alors seulement recommandée.

L'école primaire fait appel aux punitions et à l'émulation pour obtenir les meilleurs résultats dans les classes. L'article 19 du Règlement scolaire modèle pour les écoles primaires précise les punitions dont l'instituteur peut faire usage : les mauvais points, la réprimande, la privation partielle de récréation, la retenue après la classe sous la surveillance de l'instituteur, l'exclusion temporaire. Cette dernière peine ne peut dépasser trois jours. Une exclusion de plus longue durée ne peut être prononcée que par l'inspecteur d'académie.

Un certain nombre de récompenses sont consacrées par

l'usage : les bons points, les billets de satisfaction, l'inscription au tableau d'honneur, le classement d'après les notes et les compositions, les prix et les livrets de caisse d'épargne accordés en fin d'année scolaire en distribution officielle.

VIII. — L'inspection des écoles élémentaires

Les inspecteurs généraux de l'enseignement primaire sont chargés de visiter les écoles de toute la France. Chaque année, le ministre indique à chacun des inspecteurs généraux les divers départements qu'il doit inspecter. L'institution des inspecteurs généraux date de la loi du 15 mars 1850 (art. 20) qui les appelait « inspecteurs supérieurs ». L'inspecteur général doit évaluer les écoles et le personnel enseignant mais aussi le personnel administratif : directeurs d'Écoles normales, inspecteurs de l'enseignement primaire et inspecteurs d'académie. Mais c'est surtout aux inspecteurs de l'enseignement primaire qu'incombe la charge de l'inspection des écoles. Le décret du 18 janvier 1887 précise : « Ils inspectent les écoles primaires publiques et privées de leur circonscription. » A la suite de chaque inspection, ils doivent adresser un rapport à l'inspecteur d'académie dans le délai de quinze jours au plus tard.

Le maire a aussi le droit d'inspecter les écoles mais il ne peut intervenir que dans le domaine des locaux, du matériel, de l'hygiène et de la tenue des élèves. Les membres du Conseil départemental peuvent également procéder à des inspections dans les écoles pour évaluer l'état des locaux et la tenue des élèves. Les délégués cantonaux doivent veiller à l'état satisfaisant des locaux et de l'hygiène. Une circulaire du 16 mai 1855 indiquait : « Vous êtes, au nom de la loi les représentants de la famille dans les écoles ». Le décret du 18 janvier 1887 souligne que « nul ne peut être délégué cantonal s'il n'est Français et âgé de 25 ans au moins ».

IX. — Le certificat d'études primaires élémentaires

Le certificat d'études primaires est créé par la loi du 28 mars 1882 (art. 6). Il est réglementé définitivement par l'arrêté du 24 juillet 1888. L'examen est subi par les élèves au chef-lieu de canton devant une commission cantonale nommée par le Recteur sur proposition de l'inspecteur d'académie et dont l'inspecteur primaire est président de droit. Les candidats doivent avoir au moins onze ans au moment de l'examen.

Les épreuves écrites du certificat d'études primaires comprennent une dictée de quinze lignes au plus, deux questions d'arithmétique et une rédaction (récit, lettre...). Les textes et sujets sont choisis par l'inspecteur d'académie.

Les épreuves orales sont réduites à deux : une lecture expliquée, accompagnée de la récitation d'un morceau choisi sur une liste présentée par le candidat, des questions d'histoire et de géographie. L'examen peut comprendre en outre, à la demande du candidat, un exercice de dessin et des interrogations sur l'agriculture.

Dès 1884, il y eut 168 812 candidats au certificat d'études dont 95 701 garçons ; en 1887, le nombre de candidats dépasse 200 000. 10 % seulement des candidats obtiennent cet examen qui devient rapidement le symbole de la réussite scolaire dans les familles les plus modestes.

X. — La loi Goblet et la laïcisation du personnel (1886)

La loi du 30 octobre 1886, dite loi Goblet, a établi définitivement la laïcité du personnel enseignant dans les écoles primaires publiques. La laïcisation du personnel, était la conséquence logique et nécessaire de la laïcité de l'enseignement. L'article 17 de la loi Goblet précise : « Dans les écoles publiques de tout ordre, l'enseignement est exclusivement confié à une personne laïque. » Le législateur comprend néanmoins qu'une révolution aussi importante ne peut s'accomplir en quelques mois seulement. Dans les écoles de filles notamment, il n'était pas possible de procéder à une immédiate substitution du personnel laïque au personnel congréganiste. De là, les délais consentis par l'article 18 : « Aucune nomination nouvelle, soit d'instituteurs, soit d'institutrices congréganistes, ne sera faite dans les départements où fonctionnera depuis quatre ans une École normale, soit d'instituteurs, soit d'institutrices, en conformité avec l'article 1er de la loi du 9 août 1879. Pour les écoles de garçons, la substitution du personnel laïque au personnel congréganiste devra être complète dans le laps de cinq ans après la promulgation de la présente loi. »

Ainsi, la laïcisation définitive des écoles de garçons obtient un délai de cinq ans pour s'effectuer. Ce délai expirera le 30 octobre 1891. En revanche, la laïcisation des écoles de filles est nettement plus lente ; le délai est indéfini. D'après un rapport d'Émile Combes sur la loi des traitements, il y avait encore, en 1889, en France et en Algérie, 16 529 maîtres ou maîtresses congréganistes.

XI. — Vers la séparation de l'Église et de l'État : Émile Combes (1902-1905)

Docteur en théologie, Émile Combes se destinait à l'état ecclésiastique, mais il rompit très tôt avec le catholicisme. Élu sénateur de la Charente-Maritime en 1885, il devint l'un des chefs du parti radical. Président du Conseil en 1902, il fut le champion de l'anticléricalisme.

Ayant demandé l'autorisation de l'État pour se conformer à la loi de 1901, les congrégations étaient divisées. Quelques-unes acceptaient de se soumettre ; mais les intransigeants refusaient d'accepter une loi d'exception. Tous les établissements scolaires qui n'avaient pas voulu demander l'autorisation d'ouverture furent supprimés. Cette mesure touchait 2 500 écoles. 615 congrégations avaient sollicité l'autorisation d'ouvrir une école. Au lieu d'examiner les requêtes une à une, Émile Combes et la majorité de la Chambre rejettent en bloc en mars 1903 toutes les autorisations demandées par les ordres religieux. La loi du 7 juillet 1904 interdit l'enseignement à toutes les congrégations, mêmes autorisées, y compris l'Institut des Frères des écoles chrétiennes dont le fondateur, Jean-Baptiste de La Salle, mort en 1719, a été canonisé le 23 mai 1900 ; 4 000 Frères des écoles chrétiennes s'exilent pour garder leur rôle d'éducateurs.

Les instituteurs et les institutrices auraient manqué s'il avait été procédé à la fermeture immédiate des écoles congréganistes. La loi du 7 juillet 1904 prévoit donc une suppression graduelle dans un délai maximum de dix ans. En fait, de 1904 à 1911, 1 843 écoles congréganistes sont fermées.

En novembre 1904, Émile Combes propose un projet de loi réalisant la séparation des Églises et de l'État. Celle-ci sera votée le 12 décembre 1905 sous le ministère Rouvier.

XII. — **La création du syndicat national des instituteurs (1920)**

Le syndicat national des instituteurs est né le 24 septembre 1920 à la salle de la Mutualité à Paris. L'année précédente, le comité administratif de la Fédération des amicales avait décidé la transformation de cette fédération en « Fédération des syndicats d'instituteurs ». La création du SNI est l'aboutissement d'une longue histoire qui remonte aux années 1880.

La loi du 21 mars 1884 relative à la création des syndicats professionnels abroge la loi Le Chapelier de 1791 et autorise la constitution libre de syndicats ou d'associations professionnelles sans autorisation préalable. Au congrès national des instituteurs qui se tient à Paris en 1887, le courant syndical s'exprime pour la première fois. Mais quelques semaines plus tard une circulaire du ministre de l'Instruction publique, Spuller, précise que la loi de 1884 ne s'applique pas à la Fonction publique. Spuller interdit aux instituteurs la création d'un syndicat.

Les enseignants se réunissent alors en amicales, reconnues officiellement lors du Congrès de Paris en 1900. La loi du 1er juillet 1901 sur les associations fournit une base juridique aux amicales. Le Congrès de Marseille en 1903 marque l'apogée du mouvement amicaliste. Il réunit 2 000 délégués représentant 110 amicales. Le président du Conseil Émile Combes y prononce un grand discours. Le 26 novembre 1905, est rendu public le *Manifeste des instituteurs syndicalistes,* signé notamment par Louis Roussel président de l'amicale des normaliens de la Seine.

Le 29 mars 1907, la Fédération nationale des syndicats d'instituteurs qui tient son congrès à la bourse du travail de Nantes, vote à l'unanimité son adhésion à la CGT. Le gouvernement répond à ce geste par la répression. Six fonctionnaires sont révoqués dont Marius Nègre, secrétaire national de FNSI. Le 1er décembre 1909 se constitue une Fédération nationale des associations professionnelles des employés de l'État. Son secrétaire est Charles Laurent. Le gouvernement reconnaît la Fédération qui publie un journal bimensuel, *Trait d'union des fonctionnaires.*

Après la première guerre mondiale, le rapport Lauche (fin 1918) indique que « le droit syndical des fonctionnaires ne peut plus être contesté ». Les responsables de la Fédération des amicales estiment dès le début de 1919 que le moment est venu d'agir pour obtenir la reconnaissance du droit syndical.

Les instituteurs figurent au premier rang des victimes de la répression syndicale qui s'exerce fortement en 1920. Le 17 juin 1920, le ministre de l'Instruction publique, Honorat, ordonne par circulaire aux syndicats d'enseignants de se transformer avant le 30 septembre en associations sous le régime de la loi de 1901, sous peine de poursuites. En juillet, Louis Bouët est révoqué pour avoir participé à un comité confédéral de la CGT. La Fédération des syndicats d'instituteurs (Fédération Roussel) décide alors de tenir un congrès extraordinaire à Paris le 24 septembre 1920. Ce congrès décide de transformer la fédération des syndicats départementaux en Syndicat national des institutrices et des instituteurs de France et des colonies (SNI) qui tient son premier congrès à Paris le 22 septembre 1921. Le secrétaire général est Louis Roussel.

XIII. — Les programmes de 1923

Deux arrêtés du 23 février 1923 modifient les horaires et les programmes des écoles primaires élémentaires.

Les nouveaux programmes se proposent de mieux doser les connaissances que les élèves doivent acquérir à chaque niveau de l'école primaire. L'objet de l'école primaire « n'est pas d'embrasser sur les diverses matières auxquelles elle touche tout ce qu'il est possible de savoir mais de bien apprendre dans chacune d'elles, ce qu'il n'est pas permis d'ignorer ».

A la méthode concentrique recommandée par les instructions de 1887, l'on préfère désormais la « méthode progressive ». Les auteurs des nouveaux programmes soulignent qu'il faut éviter « la monotonie des redites, le dégoût du déjà vu ». L'enseignement primaire doit être intuitif et pratique. La méthode intuitive et inductive part des faits sensibles pour aller aux idées. La méthode active fait appel à l'effort de l'élève ; elle est inspirée de la grande tradition des penseurs français depuis Montaigne et Rousseau. Les nouveaux horaires prévoient trente heures de classe par semaine. L'arrêté du 1er février 1924 définit l'organisation nouvelle du certificat d'études.

XIV. — **Célestin Freinet et la création de la coopérative de l'enseignement laïc (1928)**

Nommé instituteur en 1920 à Bar-sur-Loup (Alpes-Maritimes), Célestin Freinet fonde la Coopérative de l'enseignement laïc (CEL) en 1928. Freinet remet en question les techniques pédagogiques traditionnelles. Il affirme la nécessité d'une motivation affective profonde de l'élève et demande que l'on évite la scolastique « à l'école ». Imprimé par les enfants, le journal scolaire, recueil de textes « élus » ou de comptes rendus est l'image et le symbole de la classe. L'originalité de Freinet est de mettre une technique précise et ordonnée au service de l'expression libre des enfants. Le fait qu'un simple instituteur ose critiquer les méthodes pédagogiques en usage provoque le scandale. Freinet est prié de se mettre en congé en 1933 bien que sa notoriété dépasse alors les frontières de la France. Il fonde à Vence sa propre école en 1935.

XV. — **Barthélémy Profit et la coopération scolaire**

Inspecteur primaire en Charente-Maritime dans la circonscription de Saint-Jean-d'Angély pendant vingt ans (1909-1929), Barthélémy Profit fut l'un des initiateurs les plus actifs de la coopération scolaire. Dès 1911, l'Académie française couronne son ouvrage, *La Mutualité nouvelle.* A partir de 1919, il travaille à la réalisation des premières coopératives scolaires. En 1923, les instructions officielles du ministère de l'Éducation nationale recommandent la coopérative scolaire : « Lorsque l'enfant entre au cours moyen, sa volonté commence à se former. Il ne s'agit plus seulement de diriger ses habitudes ; il y a lieu de lui apprendre à user de sa liberté... Sous réserve de l'approbation du maître, les écoliers sont appelés à régler eux-mêmes, par une entente concertée, certains détails de leur vie commune ; ils éliront ceux d'entre eux qui seront chargés de menues fonctions. »

Piaget, dans son ouvrage *Le jugement moral chez l'enfant* (1932), soutient fermement ces premières initiatives. « La coopération, écrit-il, est promue au rang de facteur essentiel de progrès intellectuel. »

XVI. — **Edmond Proust et la création de la Mutuelle assurance automobile des instituteurs de France (1934)**

Dès 1931, un instituteur de l'Allier, Jutier, écrivait dans la revue *L'imprimerie à l'école,* publiée par Célestin Freinet : « Puisque les instituteurs ont créé et gèrent avec succès une coopérative qui subvient à leurs besoins de matériel éducatif, pourquoi ne créeraient-ils pas un organisme pour assurer leurs automobiles ? »

Cette idée retient l'attention de deux instituteurs du département des Deux-Sèvres, Edmond Proust et Jean Lauroua ainsi que d'un instituteur vendéen, Braud. Le 17 mai 1934, la Mutuelle d'assurance automobile des instituteurs de France est créée à Fontenay-Le-Comte. Son premier président fut Edmond Proust. La MAAIF s'installe en 1935 à Niort dans les Deux-Sèvres. Dès 1939, elle comptait 35 500 sociétaires. Les Instituteurs de France, après avoir assuré le succès de l'école laïque, gratuite et obligatoire, étaient désormais fortement organisés sur le plan syndical et mutualiste.

XVII. — **Jean Zay et l'obligation scolaire à 14 ans (1936)**

Avocat, militant du Parti radical-socialiste, Jean Zay est ministre de l'Éducation nationale dans le cabinet de

Front populaire présidé par Léon Blum (4 juin 1936). Il conserve son portefeuille pendant les quatre ministères suivants jusqu'au 13 septembre 1939.

Dès son arrivée au ministère, Jean Zay fait voter le 9 août 1936 une loi qui porte à 14 ans révolus (13 ans pour les titulaires du certificat d'études primaires) l'obligation scolaire. Il attache un grand prix à cette année supplémentaire de « fin d'études ». « Cette classe, écrit-il, ne saurait à aucun degré être considérée comme un refuge pour les enfants incapables de faire autre chose ; elle recevra beaucoup d'excellents éléments qui pour des raisons variées ne chercheront pas leur place dans le second degré. » A la veille de la seconde guerre mondiale, 6,5 % seulement des élèves d'une classe d'âge entraient en effet en sixième des lycées et collèges. L'école primaire était vraiment « l'institutrice de la nation ». Jean Zay multiplia les bourses au profit des enfants de l'école primaire et favorisa la construction de nombreux locaux scolaires.

Chapitre X

L'ÉCOLE ÉLÉMENTAIRE ET LE GOUVERNEMENT DE VICHY (10 JUILLET 1940 - 20 AOÛT 1944)

La défaite militaire de la France ouvre la voie à une liquidation rapide de la IIIe République. Président du Conseil depuis le 16 juin 1940, le maréchal Pétain, après l'armistice, s'installe à Vichy le 2 juillet et obtient le 10 juillet de l'Assemblée nationale par 569 voix contre 80 et 18 abstentions, le mandat de faire une nouvelle constitution, à ratifier ultérieurement par la nation. Il se proclame chef de l'État dès le 11 juillet et désigne Laval comme vice-président du Conseil. Des messages, diffusés en août et en octobre, annoncent une « révolution nationale » et un ordre nouveau. Un acte constitutionnel du 1er décembre 1940 prononce la déchéance des parlementaires. Une loi du 22 janvier 1941 crée le Conseil national, composé de notables, qui remplace désormais le Parlement. Pouvoir législatif et pouvoir exécutif sont concentrés entre les mains du chef de l'État. La devise républicaine, « Liberté, Égalité, Fraternité », est abandonnée par le nouveau régime qui lui substitue « Travail, Famille, Patrie ». Les hommes de Vichy profitent de la défaite pour supprimer le régime républicain et démocratique qu'ils avaient toujours honni.

I. — L'abandon de la tradition laïque. De nouvelles valeurs

Le régime de Vichy met fin aux institutions républicaines. Les droits de l'homme et du citoyen s'effacent devant les droits du travail, ceux de la famille et de la patrie. Le principe de la laïcité de l'État est supprimé ; l'État exclut de nombreux citoyens de la vie publique, professionnelle et sociale du pays. La loi du 3 octobre 1940 prend des mesures d'exclusion à l'égard des juifs. Sur la base d'une discrimination raciale, l'État interdit désormais à certains Français l'exercice de fonctions électives, publiques, militaires et judiciaires. La loi du 2 juin 1941 va plus loin encore en élargissant le champ des interdictions professionnelles.

Privée désormais de toute référence républicaine, la dimension proprement civique disparaît, laissant la place aux thèmes de « tradition nationale » et de « l'unité française ». L'éducation morale et civique est marquée par l'idéologie du régime. L'accent est mis sur l'éducation morale et patriotique. La remise en cause de la laïcité scolaire permet de souligner les « devoirs envers Dieu ». L'Église catholique, dans sa grande majorité, soutient Pétain, l'homme « envoyé par Dieu » pour sauver la France. La disparition de la République laïque qui l'avait exclue de l'école est souvent considérée comme une juste revanche.

II. — Jacques Chevalier supprime les Écoles normales (18 septembre 1940)

Dès qu'il devient chef de l'État, le maréchal Pétain manifeste son hostilité à l'Éducation nationale. Jacques Chevalier et, après lui, Jérôme Carcopino n'ont pas rang de ministre et siègent au gouvernement en qualité de secrétaires d'État.

L'une des premières préoccupations du gouvernement de Vichy fut de contrôler étroitement la formation des instituteurs. La loi du 18 septembre 1940, publiée au Journal officiel du 6 octobre 1940 annonce la suppression des Écoles normales à partir du 1er octobre 1941. Désormais les élèves-maîtres doivent préparer le baccalauréat dans les lycées, puis recevoir une année de formation dans un institut de formation professionnelle. Les instituts créés par le décret du 15 août 1941 n'existeront jamais. Les premiers élèves recrutés en 1941 ne devaient être accueillis dans les instituts qu'en octobre 1944 pour y effectuer leur année de formation professionnelle. La victoire des Alliés devait modifier ce programme. La volonté de supprimer les Écoles normales avait pour objectif essentiel d'anéantir les bases institutionnelles de la laïcité militante.

III. — **La franc-maçonnerie dissoute (13 août 1940). Les instituteurs francs-maçons sanctionnés**

La loi du 13 août 1940, publiée au Journal officiel du 14 août 1940 interdit les associations secrètes. L'article 1er précise : « sont dissous de plein droit :

1 / Toute association, tout groupement de fait dont l'activité s'exerce, même partiellement, de façon clandestine ou secrète.

2 / Toute association, tout groupement de fait dont les affiliés s'imposent d'une manière quelconque l'obligation de cacher à l'autorité publique, même partiellement, les manifestations de leur activité.

L'article 2 de la loi indique que la nullité des groupements ou associations sera constatée par décret. Les biens mobiliers et immobiliers des associations et groupements dissous sont placés sous séquestre par ordonnance du président du tribunal civil (art. 3). L'article 4 prévoit enfin un emprisonnement de six mois à deux ans et une amende de 16 à 5 000 F pour toute personne ayant participé au maintien ou à la reconstitution directe ou indirecte des associations ou groupements dissous. Nul ne peut être fonctionnaire ou agent de l'État s'il a appartenu à une association ou à un groupement défini par la loi (art. 5).

Le complot judéo-maçonnerie est l'un des thèmes permanents du régime de Vichy. Cette loi reste néanmoins volontairement imprécise ; le mot « maçon » n'y apparaît pas encore. En revanche le décret du 19 août 1940 est plus explicite. L'article 1er de ce décret précise : « Est constatée la nullité des associations dites "la Grande Loge de France", 8, rue de Puteaux à Paris et "le Grand-Orient de France", 16, rue Cadet à Paris et de tous les groupements s'y rattachant situés en France, en Algérie, dans les colonies, pays de protectorat et territoires sous mandat. » Les instituteurs francs-maçons sont sanctionnés et exclus de l'Éducation nationale.

IV. — **La législation des Congrégations religieuses (3 septembre 1940)**

Trois jours après l'attribution des pleins pouvoirs au maréchal Pétain, le cardinal Gerlier, primat des Gaules, est reçu par le chef de l'État. Le 19 juillet, *La Croix* exprime le point de vue de l'Église catholique de France : « Pour le relèvement du pays, aucun problème n'est plus essentiel que celui de la formation intellectuelle et morale de la jeunesse. Il faut résoudre enfin, dans la clarté, dans la justice, la question scolaire. L'école publique doit respecter scrupuleusement l'âme de l'enfant. L'école libre doit être mise effectivement à la disposition des familles chrétiennes qui le désirent, par une attribution plus équitable des subsides scolaires. »

Dès le 3 septembre 1940, le gouvernement abolit l'interdiction d'enseigner imposée aux congrégations au début du siècle par la loi du 7 juillet 1904. De même est supprimé l'article 14 de la loi du 1er juillet 1901 qui interdisait à tout membre d'une congrégation non autorisée, soit de diriger un établissement d'enseignement, soit d'enseigner. La remise en cause de la laïcité scolaire se porte sur la question religieuse, et tout particulièrement sur les « devoirs envers Dieu ». Jacques Chevalier, philosophe et catholique, secrétaire d'État à l'Éducation nationale depuis le 13 novembre 1940, modifie par arrêté du 23 novembre les programmes de 2e année du cours supérieur des écoles primaires. Les enseignants sont invités à prévoir des « entretiens familiers et lectures sur les principaux devoirs envers nous-mêmes, envers nos semblables (familles et patrie) et envers Dieu ».

Mais le 23 février 1941, Jacques Chevalier est remplacé au secrétariat d'État à l'Instruction publique par Jérôme Carcopino, latiniste et directeur de l'École française de Rome. Celui-ci annule en partie les mesures prises par Jacques Chevalier. Un arrêté du 10 mars 1941 supprime au programme du cours supérieur des écoles primaires la mention des devoirs envers Dieu et la remplace par le « respect des croyances religieuses ». Désormais, l'instruction religieuse doit être donnée en dehors des bâtiments scolaires mais reste cependant comprise à titre d'enseignement facultatif dans les horaires scolaires.

Les congrégations occupaient en France une place privilégiée face à l'école publique étroitement surveillée. Les Frères reprirent leur costume traditionnel. Mais les congrégations savaient que l'avenir était incertain. Seules quelques congrégations, dont les Frères des écoles chrétiennes, demandèrent à recouvrer leurs biens encore sous séquestre.

V. — La dissolution des organisations syndicales (9 novembre 1940)

La Confédération générale du travail (CGT) offre sa collaboration au gouvernement de Vichy. René Belin accepte de devenir ministre du Travail du maréchal Pétain. La CGT déclare renoncer à l'article premier des statuts de 1936 qui fixaient comme objectif « la disparition du salariat et du patronat ». Elle se propose désormais de « défendre les droits sacrés du travail, de protéger la famille et de collaborer à la prospérité nationale ». La CGT préconise une « Communauté française du travail » ouverte à tous les syndicats et à toutes les associations.

Le 9 novembre 1940, un décret signé par René Belin dissout la CGT, la CTFC et, en même temps, la Confédération générale du patronat français. En octobre 1941, le maréchal Pétain promulgue une Charte du travail. Le syndicat créé par le gouvernement de Vichy est unique et obligatoire.

De septembre 1939 à la fin mai 1940, le syndicat national des instituteurs continue à subsister. *L'École libératrice* est toujours publiée. Le bureau est réorganisé en raison du départ des responsables mobilisés. Georges Lapierre assure un moment l'intérim du secrétariat général, tout en conservant la responsabilité de *L'École libératrice*. Un bureau national réuni le 19 septembre exclut, à la suite du pacte germano-soviétique, tous les communistes occupant des fonctions dans le SNI. *L'École libératrice* paraît pour la dernière fois le 30 mai 1940.

André Delmas, démobilisé le jour de l'armistice, reprend ses fonctions de secrétaire général en juin 1940. Mais les entretiens qu'il a avec André Belin à Vichy lui sont vivement reprochés. Dès le 13 septembre 1940, le ministre de l'Éducation nationale, Émile Ripert, propose la dissolution du SNI qui devient effective le 15 octobre 1940. André Delmas sera arrêté et détenu au camp de Drancy à la libération, mais relâché faute de preuves attestant une réelle collaboration. Il sera dès lors tenu à l'écart par les responsables du SNI à la fin de la guerre.

Le syndicalisme renaît au sein de la résistance. Après l'agression hitlérienne contre l'URSS, les socialistes et les communistes concluent, le 17 avril 1943, l'accord du Perreux rétablissant la CGT de 1936. Le 27 juillet 1944, une ordonnance d'Alger déclare nulle la charte du Travail. Les syndicats sont rétablis dans leurs droits antérieurs.

VI. — **L'aide aux écoles privées (loi du 2 novembre 1941)**

Jacques Chevalier commence par étendre aux élèves des écoles privées le bénéfice de la caisse des écoles et celui des bourses (loi du 15 octobre 1940 ; décret du 22 février 1941). La loi du 5 janvier 1941 autorise les communes à subventionner les écoles privées. Mais cette aide ne suffisait pas. L'épiscopat proposa la création d'un « bon scolaire » que chaque famille pourrait remettre à l'école de son choix. Cette solution était habile car elle concernait toutes les familles, mais elle était coûteuse sur le plan budgétaire. Par ailleurs, Jérôme Carcopino ne souhaitait pas subventionner trop visiblement les écoles privées. Le maréchal Pétain décida, malgré les réticences de son ministre, d'accorder 400 millions de francs de subvention aux écoles privées par la loi du 2 novembre 1941. Les crédits sont inscrits au budget du ministère de l'Intérieur ; les préfets sont chargés de répartir « cette aide exceptionnelle adaptée aux circonstances ». Par ailleurs, les communes qui le souhaitent sont autorisées à créer une caisse des écoles privées parallèlement à la caisse des écoles publiques. L'épiscopat se montre satisfait de ces aides mais reste conscient de l'aspect exceptionnel d'aides financières étroitement liées à un régime dont l'avenir est très incertain.

Dans les nouveaux programmes, l'éducation morale et civique est marquée par l'idéologie du régime. Les instructions, officielles, insistent sur « l'éducation morale et patriotique ». Les messages du maréchal Pétain sont étudiés par l'ensemble des élèves des écoles primaires et plus particulièrement dans les écoles privées. La dimension « spirituelle » est présente au cours élémentaire où l'on étudie « les forces morales et leurs sources spirituelles » et au cours moyen avec l'étude de la « civilisation chrétienne ».

Les écoles privées sont très satisfaites de cette orientation morale et patriotique donnée à l'enseignement primaire. La « relaïcisation » des programmes effectuée par Jérôme Carcopino reste donc toute relative.

Le 21 août 1940, le quotidien catholique *La Croix* soulignait déjà « les nombreuses concordances entre les encycliques pontificales et les allocutions ou écrits du chef de l'État » ainsi que « le parallélisme entre les déclarations du maréchal et les enseignements de Léon XIII, de Pie XI et de Pie XII ».

Chapitre XI

VERS L'ÉCOLE DE L'AN 2000

De la fin de la seconde guerre mondiale jusqu'en 1952, l'école primaire scolarise environ 4,5 millions d'élèves, enseignement privé inclus. Dans les années 50, l'effectif global des écoles primaires atteint près de 6 millions d'écoliers. Ces chiffres comprennent les classes de fin d'études qui accueillent près de 900 000 élèves en 1960. Pendant un demi-siècle, l'école primaire connaît une profonde transformation. En 1962, les écoles deviennent mixtes. Les écoles de filles ou de garçons subsistent lorsqu'elles ont au moins deux ou trois classes. La pédagogie mise en œuvre dans les écoles primaires se transforme. Trois mouvements pédagogiques contribuent à cette évolution : le Groupe français d'éducation nouvelle (GFEN), le Mouvement Freinet et l'Institut coopératif de l'École moderne (ICEM), les centres d'entraînement aux méthodes d'éducation active (CEMEA). « L'école moyenne » succède à l'école élémentaire. Le Tiers-temps pédagogique, à partir de 1964, introduit une nouvelle approche pédagogique amplifiée par les événements de 1968. L'introduction des mathématiques modernes à l'école élémentaire remet en question les pratiques pédagogiques traditionnelles. La guerre scolaire, ranimée par le projet d'un grand service public unifié et laïque (1982-1984), divise la France en deux camps. Avec Jean-Pierre Chevènement, l'école retrouve ses missions fondamentales, réaffirmées dans la loi d'orientation de Lionel Jospin et le nouveau contrat pour l'école proposé par François Bayrou.

I. — L'abolition des actes législatifs et réglementaires du gouvernement de Vichy

Au mois de juin 1944, à Alger, le général de Gaulle transforme le Comité français de libération nationale en gouvernement provisoire de la République française. Le « Plan d'Alger », élaboré par une commission présidée par René Capitant, propose une réorganisation de l'enseignement après la libération du territoire. Ce texte souligne les grands principes scolaires républicains : gratuité, obligation scolaire et laïcité. L'ordonnance du 9 août 1944 relative « au rétablissement de la légalité républicaine sur le territoire continental » abolit tous les actes législatifs et réglementaires du gouvernement de Pétain. Ainsi sont abolis la loi du 18 septembre 1940 relative à la suppression des Écoles normales primaires, la loi du 10 mars 1941 concernant l'instruction religieuse, le décret du 15 août créant les instituts de formation pour les maîtres de l'enseignement primaire, et enfin la possibilité pour les élèves boursiers de fréquenter les établissements privés qui sera cependant rétablie plus tard par la loi André Marie. En revanche sont maintenues la prolongation de la scolarité jusqu'à 14 ans révolus et l'obligation d'attendre quatorze ans pour pouvoir passer le certificat d'études.

Une circulaire du 12 octobre 1944 remet en vigueur les programmes de 1923 et ceux de 1938 pour la classe de fin d'études. L'école primaire doit exercer une action éducative pour restaurer les valeurs républicaines. Les programmes définitifs publiés le 17 octobre 1945 insistent sur l'importance de l'instruction morale et civique.

II. — Le plan Langevin-Wallon (juin 1947)

René Capitant, ministre de l'Éducation nationale dans le gouvernement provisoire de la République française depuis le 9 septembre 1944, crée une commission chargée d'élaborer un plan de réorganisation complète de l'enseignement. Présidée d'abord par le physicien Georges Langevin puis par le psychologue Henri Wallon à partir du 19 juin 1947, elle présente le résultat de ses travaux sous forme d'un plan connu sous le nom de Langevin-Wallon. Ce plan s'inscrit dans la mouvance de « l'école nouvelle ». Les deux présidents successifs et le vice-président Henri Piéron ont été présidents du Groupe français d'éducation nouvelle (GFEN).

Le plan Langevin-Wallon a pour objectif de réaliser l'école unique. L'âge terminal de la scolarisation obligatoire est porté de 14 à 18 ans. L'enseignement est organisé en trois cycles. Le premier cycle regroupe tous les enfants jusqu'à 11 ans. Seuls y enseignent des maîtres polyvalents. Le second cycle de 11 à 15 ans est un cycle d'orientation où doivent enseigner à la fois des maîtres polyvalents et des professeurs spécialisés. Les enseignants polyvalents et spécialisés sont formés dans les Écoles normales transformées en établissements préuniversitaires où l'on prévoit deux années de formation pratique et théorique auxquelles viennent s'ajouter deux années de licence à l'Université. Ce plan ne sera jamais appliqué, mais il devient la référence de toutes les propositions de réforme de l'enseignement dans les décennies qui suivent la seconde guerre mondiale.

III. — L'aide à l'enseignement privé : la loi Barangé (1951), la loi Debré (1959) et la loi Guermeur (1977)

Le président de la Ligue de l'enseignement, Albert Bayet, relance, en 1949, l'idée d'une intégration de l'enseignement privé dans l'enseignement public. Le Syndicat national des instituteurs, avec Clément Durand, souhaite engager une campagne pour persuader l'opinion publique de la nécessité de réaliser rapidement la nationalisation de l'enseignement. La question scolaire devient un enjeu électoral. Elle divise les deux partis du gouvernement, la SFIO et le MRP.

La nouvelle assemblée adopte deux lois au mois de septembre 1951. La loi Marie (21 septembre 1951) étend le bénéfice des bourses d'État aux élèves de l'enseignement privé. La loi Barangé (28 septembre 1951) accorde une allocation forfaitaire de 1 000 F par trimestre pour chaque enfant scolarisé, gérée par une caisse départementale pour l'enseignement public et par l'association des parents d'élèves pour l'enseignement privé. Un amendement voté au mois de décembre 1952 permet d'affecter les crédits à la construction et à la réparation des bâtiments scolaires, ce qui rallie à la loi de nombreux maires et conseillers municipaux. Le camp laïque s'organise aussitôt. La FEN, le SNI, la Ligue de l'enseignement et la Fédération des parents d'élèves groupés dans un Comité national d'action laïque (CNAL) organisent une grève de 24 heures le 9 novembre 1951. A cette date, 46 % des Français sont favorables à une subvention aux écoles privées. Le calme revient peu à peu dans l'opinion publique.

La loi Debré (31 décembre 1959) précise que tout établissement privé qui sollicite une aide de l'État doit accepter un contrôle. Elle propose soit un « contrat d'association » où l'État supporte le traitement et les charges sociales des enseignants ainsi qu'une partie des dépenses de fonctionnement en contrepartie d'un contrôle pédagogique, soit un « contrat simple » où l'État supporte toujours le traitement et les charges des enseignants mais n'a pas à sa charge les dépenses de fonctionnement ; de plus, dans ce cas, l'établissement scolaire choisit librement la pédagogie à mettre en œuvre. La loi du 1er juin 1971, imposée par le président Pompidou, pérennise le contrat simple. Les contrats simples sont majoritaires dans les écoles élémentaires ; les contrats d'association sont les plus nombreux dans l'enseignement secondaire. La loi Debré entendait dans toutes les hypothèses préserver le « respect du caractère propre » de l'enseignement privé, ce qui entraînera la démission du ministre socialiste de l'Éducation nationale André Boulloche.

La loi Guermeur (25 novembre 1977) garantit le contrôle de la hiérarchie de l'enseignement privé sur le corps enseignant payé par l'État. Les enseignants doivent s'engager à respecter le « caractère propre » de l'établissement où ils enseignent, comme le stipulait la loi Debré. De plus, ils sont désormais nommés par le recteur sur proposition du chef d'établissement. La loi prévoit d'aligner en cinq ans la situation des enseignants sous contrat sur celle des enseignants des écoles publiques. Elle augmente la participation de l'État dans les dépenses de fonctionnement des établissements possédant un contrat d'association. Enfin, elle autorise l'État à subventionner les constructions scolaires et les équipements des écoles.

IV. — La création des écoles mixtes (1962-1963)

Depuis l'Ancien Régime, les écoles élémentaires séparaient les filles et les garçons. L'école mixte n'existait que dans les villages les plus modestes où les effectifs étaient insuffisants pour la création d'une école de filles distincte de l'école des garçons. L'école mixte était alors une école à classe unique. En 1958-1959, on compte 19 522 écoles mixtes à classe unique sur 73 059 écoles primaires publiques, soit 26,7 % de l'ensemble des écoles primaires.

A partir de 1962, la politique ministérielle a pour objectif la création d'écoles mixtes à plusieurs classes. Une circulaire du 17 juin 1969 délègue aux Recteurs tous pouvoirs pour accélérer la création d'écoles mixtes. La gémination ne rencontre plus désormais d'opposition dans les familles ou dans les conseils municipaux. Le nombre d'écoles primaires diminue ; en 1976-1977, on en recense seulement 47 693 soit 30 % de moins qu'en 1960-1961, alors que le nombre de classes ne varie pas (173 000).

V. — La commission Rouchette et l'enseignement du français (1967)

La commission Rouchette est créée en 1963 ; elle a pour mission de préparer une réforme de l'enseignement du français. A la fin de ses travaux en 1966, la commission effectue une expérimentation avec le concours de l'INRP. En octobre 1970, le plan de rénovation de l'enseignement du français est arrêté définitivement. Il donne la priorité à la langue orale et introduit la notion de « registres de langue ». Désormais l'on admet qu'il n'y a pas qu'un seul registre de langue. Le plan Rouchette suscite de vives polémiques. Pierre Gaxotte dénonce en 1970 une entreprise « pour détruire la langue française ». Finalement, les instructions du 4 décembre 1972 réalisent un compromis. Les enseignants restent fidèles aux pratiques pédagogiques traditionnelles. La majorité des instituteurs enseignent séparément, avec un horaire précis, grammaire, écriture, orthographe ou lecture alors que les instructions prévoient un décloisonnement.

VI. — Le tiers-temps pédagogique et un esprit nouveau (7 août 1969)

Olivier Guichard, ministre de l'Éducation nationale de 1969 à 1972, effectue une réforme des horaires et des programmes de l'école élémentaire. L'arrêté du 7 août 1969 fixe à 27 heures l'horaire hebdomadaire des écoles primaires. Les cours du samedi après-midi sont supprimés. Le « tiers-temps » pédagogique est officiellement institué ; il souligne l'égale importance de trois domaines d'activités différents : l'apprentissage de la langue maternelle et des mathématiques, la découverte de l'environnement et l'éveil de la curiosité, le développement du corps.

En fait, les horaires consacrés à chacun des domaines ne sont pas d'égale importance : français : dix heures ; mathématiques : cinq heures ; activités d'éveil : six heures ; éducation physique et sportive : six heures. Un effort de formation des maîtres est réalisé pour faire face à l'ampleur des innovations pédagogiques. Une grande liberté d'entreprendre est donnée aux instituteurs. L'enseignement des activités d'éveil pose de réels problèmes et entraîne un net recul de certaines disciplines comme l'histoire et la géographie.

VII. — **La commission Lichnérowitz et l'introduction des mathématiques modernes (2 juin 1970)**

La commission créée par Christian Fouchet en 1966 et présidée par André Lichnérowitz, professeur au Collège de France et président de l'Association d'études pour l'expansion de la recherche scientifique, avait pour mission d'effectuer un bilan de l'enseignement des mathématiques en France et de proposer des solutions aux problèmes pédagogiques qui seraient mis en évidence. Les nouveaux programmes de mathématiques pour l'école primaire sont une conséquence directe de cette réflexion. L'arrêté ministériel et les instructions officielles du 2 janvier 1970 bouleversent profondément le contenu des programmes. Les « mathématiques modernes » introduisent des notions nouvelles à tous les niveaux d'enseignement de l'école primaire. Dès le cours préparatoire, le jeune élève de 6 ans commence à appréhender les notions d'ensemble et d'appartenance à un ensemble. Les diagrammes de Venn et de Carroll, permettant de représenter les différents éléments d'un ensemble, font partie désormais des exercices quotidiens présentés dans les classes. De même sont abordées, dès le cycle préparatoire, les opérations que l'on peut effectuer sur les ensembles (inclusion, intersection, union ou réunion) et les relations binaires entre les éléments de deux ensembles. La pratique de la numération dans des bases variées autres que la base dix (base deux, base trois, etc.), perturbe les habitudes pédagogiques des maîtres. Par ailleurs, au cours élémentaire et au cours moyen, les notions d'opérateur et de proportionnalité constituent des nouveautés génératrices d'anxiété. La formation insuffisante des maîtres ne permet pas d'obtenir les succès espérés à court terme. En 1972, une enquête de l'INRP montre que plus de 80 % des enseignants jugent leur formation insuffisante. Les mathématiques modernes ont cependant profondément marqué l'école élémentaire à partir de 1970.

VIII. — Alain Savary. Le grand service public unifié et laïque ; La querelle scolaire (1982-1984)

Le programme commun de gouvernement signé par les partis de gauche le 27 juin 1972 prévoyait déjà la création d'un « service public unique et laïc » dépendant du ministre de l'Éducation nationale. En janvier 1982, Alain Savary, ministre de l'Éducation nationale dans le gouvernement Mauroy, engage des négociations difficiles. La loi Savary votée par l'Assemblée nationale le 22 mai 1984 reconnaît la liberté de l'enseignement et renonce à instituer un monopole d'État. La loi a pour objectif de rapprocher l'école publique et l'école privée. Il n'est plus question d'unifier juridiquement les deux écoles. En revanche, seul le contrat d'association est désormais admis. Les établissements sous contrat doivent élaborer un « projet éducatif ». Les dépenses de fonctionnement sont à la charge des collectivités territoriales. Le Sénat, où l'opposition est majoritaire, retarde l'examen du texte voté par l'Assemblée nationale. Le 24 juin 1984, plus d'un million de personnes défilent pour soutenir l'enseignement privé. Alain Savary, désavoué, démissionne le 17 juillet. Son action reste importante, notamment en faveur des populations défavorisées avec la création des zones d'éducation prioritaire (ZEP).

IX. — L'école républicaine de Jean-Pierre Chevènement et la loi d'orientation de Lionel Jospin (10 juillet 1989)

Au cours de l'année scolaire 1984-1985, les écoles primaires accueillent en France métropolitaine 3 483 153 élèves dans 42 382 écoles, dont 10 054 écoles à classe unique. L'enseignement privé reçoit environ 13,7 % des élèves. La quasi-totalité des établissements privés ont signé un contrat avec l'État dans le cadre de la loi du 31 décembre 1959, modifiée par la loi du 25 janvier 1985. L'État prend en charge la rémunération des personnels enseignants ; les collectivités locales subventionnent le fonctionnement. L'ambition de Jean-Pierre Chevènement est de faire en sorte que l'école assure les « apprentissages nécessaires pour accomplir une bonne scolarité réussie au collège ». De nouveaux programmes sont publiés. Un arrêté ministériel du 23 avril 1985 fixe la durée hebdomadaire de la scolarité à 27 heures réparties sur 9 demi-journées. Les apprentissages fondamentaux (lire, écrire, compter) deviennent des objectifs prioritaires.

La loi d'orientation sur l'éducation de Lionel Jospin (10 juillet 1989) met l' « enfant au centre du système éducatif ». La scolarité est désormais organisée en cycles pour lesquels sont définis des objectifs et des programmes nationaux. Le redoublement traditionnel d'une classe ne se justifie plus. Le projet d'école (circulaire du 15 février 1990) devient un élément important de la vie pédagogique de l'école. Un livret scolaire permet un suivi des compétences acquises par les élèves au cours de chaque cycle. Enfin, la loi d'orientation crée deux institutions nouvelles : le conseil national des programmes et les instituts universitaires de formation des maîtres qui remplacent les Écoles normales.

X. — **François Bayrou et le nouveau contrat pour l'école**

François Bayrou propose un nouveau contrat pour l'école. L'arrêté du 22 février 1995 fixe de nouveaux horaires. Des objectifs simples sont définis pour chaque niveau. Les programmes sont récrits et allégés. Pour lutter contre l'inégalité, des études dirigées sont organisées pendant le temps scolaire dans toutes les classes de l'école élémentaire. Les élèves n'ont plus de devoirs écrits à faire chez eux mais des leçons à apprendre. Une priorité est donnée à l'apprentissage de la langue écrite et orale. Une initiation aux langues vivantes étrangères est effectuée chaque jour pendant quinze minutes en utilisant les techniques audio-visuelles. La prévention des difficultés scolaires est renforcée.

Conclusion

L'ÉCOLE ÉLÉMENTAIRE ET LES DÉFIS DU XXIe SIÈCLE

Au seuil du XXIe siècle, l'école élémentaire doit relever de nombreux défis pour rester fidèle à sa mission. Aux yeux de la majorité des Français, l'école reste l'« institutrice de la nation », apportant à chaque enfant les savoirs fondamentaux et préservant l'égalité des chances de tous les élèves. Le premier défi est donc de continuer à assurer les apprentissages et notamment la maîtrise de la langue française orale et écrite qui est le premier pas vers la liberté, la réussite sociale et professionnelle.

Le deuxième défi est la prise en compte, chaque jour plus importante, des différences. L'école doit devenir le lieu privilégié qui favorise l'intégration de tous les enfants dans la société française. Une politique volontariste de prévention et d'adaptation en vue de favoriser les réinsertions est plus que jamais nécessaire.

Le troisième défi est d'adapter l'école au monde nouveau en mutation que nous observons autour de nous. L'école rurale devra se regrouper en « pôles pédagogiques » intercommunaux ; l'école urbaine aura la responsabilité de plus en plus difficile d'organiser la scolarisation des enfants d'origine étrangère et d'assurer la réussite de tous les élèves.

L'école élémentaire doit garder l'initiative et la responsabilité des méthodes et des démarches pédagogiques qui, en intégrant les techniques nouvelles (informatique ; multimédia), permettent à chaque élève de construire son savoir et de développer son esprit critique, fondements de toute société démocratique.

Le quatrième défi est le défi européen. La construction de l'Europe commence à l'école élémentaire. Jean Monnet soulignait fort justement la nécessité de créer une identité culturelle européenne parallèlement à la mise en place d'une Europe économique et politique. « Si c'était à refaire, disait-il, je commencerais par la culture. » L'école primaire élémentaire en France comme dans tous les autres pays européens a donc une mission essentielle dans ce domaine au cours des prochaines décennies. La dimension européenne était encore absente des programmes et instructions de l'école primaire en 1980. L'histoire de France restait alors le seul objectif fixé pour les élèves du cours moyen. En revanche, les textes et instructions publiés en 1985 évoquaient pour la première fois « l'édification européenne ». Les programmes fixés par l'arrêté du 22 février 1995 pour chaque cycle de l'école primaire sont encore plus explicites. L'Union européenne a désormais toute sa place dans les programmes de l'école primaire française. La résolution du Conseil des ministres de l'Éducation du 24 mai 1988 a pour ambition de renforcer au fil des années l'identité européenne en multipliant les contacts entre les élèves et les enseignants des différents États de l'Union européenne.

Le cinquième défi de l'école primaire élémentaire en France, en Europe et dans le monde est de contribuer à préserver les droits de l'homme, de l'enfant et les libertés fondamentales. L'école doit, plus que jamais, garder la mission essentielle de sauvegarder les droits de chaque citoyen. La Déclaration universelle des droits de l'homme élaborée par l'Assemblée générale des Nations Unies le 10 novembre 1948, la Convention européenne de sauvegarde des droits de l'homme et des libertés fondamentales du 4 novembre 1950 et son protocole additionnel signé à Paris le 20 mars 1952 et, enfin, la Déclaration universelle des droits de l'enfant du 20 novembre 1959 doivent rester les références permanentes pour tout enseignant dès l'école élémentaire. La Déclaration universelle des droits de l'enfant précise dans son principe 7, 1er alinéa : « L'enfant a droit à une éducation qui doit être gratuite et obligatoire au moins aux niveaux élémentaires. Il doit bénéficier d'une éducation qui contribue à sa culture générale et lui permette, dans des conditions d'égalité de chances, de développer ses facultés, son jugement personnel et son sens des responsabilités morales et sociales... » La Déclaration universelle des droits de l'enfant rejoint les grands principes de l'école républicaine de Jules Ferry. Au-delà des aléas de la vie politique et éducative de chaque nation européenne, l'école doit s'efforcer de faire triompher la Liberté, l'Égalité et la Fraternité.

BIBLIOGRAPHIE

Ariès (Ph.), *L'enfant et la vie familiale sous l'Ancien Régime,* Éd. du Seuil, 1973.

Baubérot (J.), Gauthier (G.), Legrand (L.), Ognier (P.), *Histoire de la laïcité,* CRDP de Franche-Comté, 1994.

Buisson (F.), *Dictionnaire de pédagogie et d'instruction primaire,* Hachette, 4 vol., 1887.

Gaulupeau (Y.), *La France à l'école,* Gallimard, 1992.

Georgel (J.) et Thorel (A.-M.), *L'enseignement privé en France du VIIIe au XXe siècle,* Dalloz, 1995.

Giolitto (P.), *Histoire de l'enseignement primaire au XIXe siècle,* 2 vol., Nathan, 1983 et 1984.

Grosperrin (B.), *Les petites écoles sous l'Ancien Régime,* Ouest-France, Université de Rennes, 1984.

Lelièvre (C.), *Histoire des institutions scolaires (1789-1989),* Nathan, 1990.

Léon (A.), *Histoire de l'enseignement en France,* PUF, 6e éd., 1990.

Marrou (H.-I.), *Histoire de l'éducation dans l'Antiquité,* Éd. du Seuil, coll. « Points », 1981.

Parias (L.-H.) et autres, *Histoire générale de l'enseignement de l'éducation en France,* Nouvelle librairie de France, 4 vol., 1981.

Prost (A.), *L'enseignement en France (1800-1967),* A. Colin, 1981.

Rémy (D.), *Les lois de Vichy,* Éd. Romillat, 1992.

Vaniscotte (F.), *Les écoles de l'Europe. Systèmes éducatifs et dimension européenne,* IUFM Toulouse et INRP, 1996.

TABLE DES MATIÈRES

Imprimé en France
Imprimerie des Presses Universitaires de France
73, avenue Ronsard, 41100 Vendôme
Septembre 1997 — N° 43 645